Algú com tu

labutxaca

www.labutxaca.cat
info@labutxaca.cat

Xavier Bosch

Algú com tu

Premi Ramon Llull 2015

Planeta
Barcelona

Editorial Planeta organitza i atorga el Premi de les Lletres Catalanes Ramon Llull.

Aquesta obra ha obtingut el Premi de les Lletres Catalanes Ramon Llull 2015,
concedit pel següent jurat: Antoine Caro, Carles Casajuana, Pere Gimferrer,
Gemma Lienas i Emili Rosales.

La primera edició d'aquesta obra es va publicar
a Planeta l'any 2015

Primera edició en aquest segell: setembre del 2016
Sisena impressió: juliol del 2020

Fotocomposició: Víctor Igual
Impressió: Liberdúplex
DIPÒSIT LEGAL: B. 14.170-2016
ISBN: 978-84-16600-33-5

Als pares,
Jordi i Maria Rosa.
Encara que no el llegeixin
els en devia una.

L'amor neix del record,
viu de la intel·ligència
i mor per l'oblit.

Ramon Llull

Parle-moi de ma mère!

Don José a Micaela
(*Carmen*, de Bizet, acte I)

Només et demano una cosa:
que no converteixis la nostra
història en una novel·la.
Ha de ser per a nosaltres dos.

Paulina

1. Un personatge misteriós

Mai no oblidaré la primera vegada que em vaig fixar en tu.

—M'hi jugo el coll que demà no vindrà a classe —va mormolejar.

—I tu què saps? —vaig respondre encara més baixet.

Potser no hauria posat els ulls en tu si, en veure't marxar en una hora que no tocava, l'Àxel no hagués plantejat una juguesca.

—Per la manera com se l'emporten, la Gina no tornarà. —Vam mirar per la finestra i, veient com te n'anaves agafada de la mà d'aquell senyor de passes serenes, va afegir—: Com a mínim, fins dilluns.

—Vosaltres dos, els del fons... Voleu fer el favor de callar?

El bibliotecari de l'escola no estava per brocs. Era el professor de filosofia dels grans i, a pesar que ens havia d'advertir cada dos per tres, teníem la sort que encara no s'havia après els nostres noms. De fet, els nanos de nou anys tan sols teníem permès d'entrar al paradís de les lletres un únic dia a la setmana, els dimecres, després de dinar. Algun savi pedagog havia pensat que, si ho percebíem com un lloc prohibit, tindríem més ganes d'anar-hi i remenar llibres i furgar entre tots aquells volums i el reguitzell de fantasies fins a trobar una història que ens captivés. El llibre, en majúscules —cadascú el seu—, que ens desvetllés el plaer de la lectura. La biblioteca, però, per a l'Àxel i per a mi, s'havia convertit en un lloc ideal per badar. Sí que al fons de la biblioteca, de costat a costat i de dalt a baix, hi havia lleixes i més lleixes de llibres, ordenats, arrenglerats amb el llom a la vista i classificats amb el criteri de l'Ayuso —que devia ser un criteri encertat—, però a nosaltres ens agradava més seure just a l'altra banda, al costat del gran finestral. Posàvem un llibre, un de qualsevol, obert al damunt de la taula i ens passàvem una hora parlant en veu molt baixa i mirant el pati dels tres pins mentre l'Ayuso, assegut a la seva taula senyorial i ajudat per unes ulleres minúscules que descansaven a la punta del nas, arxivava la seva col·lecció d'antiquíssimes postals de Barcelona.

Amb l'Àxel havíem descobert que el finestral de la biblioteca era un emplaçament estratègic per dominar tota l'escola. La panoràmica ho abastava tot, des de la porta que donava al gimnàs i als vestidors de nens i nenes fins al cancell principal de l'escola, que permetia veure, estirant el coll, un tros del carrer de Bellesguard, un cul-de-sac on els mestres i professors més matiners podien aparcar el cotxe en bateria. A l'altra banda del gran finestral de la biblioteca hi havia l'aula de dibuix i, a tocar d'unes buguenvíl·lees que els costava d'arrencar, hi havia la porta de la secretaria, que, per un trau o per un mal de cap, també es convertia en infermeria, refugi o consol.

El dimecres, de tres a quatre, els tres pins tenien una estona de quietud. Ja no servien de pals de porteries, ni per lligar-hi cordes per saltar. Amb tots els nens a les aules, pel pati pràcticament no hi desfilava ningú. Les cuineres, després de rentar plats i olles, tocaven el dos amb un caminar feixuc. Els vigilants de menjador, amb més pressa per gaudir de la tarda i de la vida, s'enfilaven a la bicicleta i tiraven Bellesguard avall. De tant en tant, algun dimecres de tres a quatre, mentre tots els nens del tercer C érem a la biblioteca, vèiem arribar alguns pares que anaven directament a secretaria a sentir el veredicte sobre el seu fill en boca del tutor del seu curs. Aquell dimecres de calor, un dia de maig que la bata ja ens feia nosa, però, a l'hora que pel pati només hi passaven el vent i la calma, vam veure arribar un personatge misteriós.

Un taxi va frenar al davant mateix de la porta de l'escola i, a l'instant, en va baixar un home que podia tenir l'edat del nostre pare però que no teníem vist de ser cap pare de l'escola. Anava amb corbata.

Vestit fosc i corbata. I a la nostra escola n'hi entraven ben poques, de corbates.

—Mira, Biel.

L'Àxel me l'assenyalava, però jo no entenia què havia de veure.

—El taxi no marxa.

Com m'agradaven els taxis de Barcelona, grocs i negres, una combinació cromàticament indigesta però amb molta personalitat per a un cotxe. Veus un taxi així i dius... A Buenos Aires, per cert, també són grocs i negres.

L'home de la corbata, amb una tofa negra, esborrifada, va pujar els graons que hi havia des del carrer fins a la biblioteca sense gaire empenta. A la porta de la secretaria el va sortir a rebre, amb posat greu, la directora de l'escola. L'Àxel es va adonar que no era una visita concertada qualsevol. El Santcristogròs, la senyora Ramos, només apareixia, a repèl, per a casos crítics. Es van donar la mà, van entrar cap dins i allà, durant uns minuts, vam perdre la visió de la jugada. La conversa devia ser curta perquè el Santcristogròs en va sortir tot sol i, amb el seu caminar tibat, d'esquena emperpalada —ja fos per un pinçament discal o per donar-se-les de ballarina repatània—, se'n va anar, de patac, a l'aula de disseny. Mentre els del tercer C, cada dimecres, havíem d'anar a la biblioteca després del pati del migdia, els del tercer B teníeu classe de dibuix o de plàstica. Aquella setmana havíem de copiar la casa del Joan Miró a Mont-roig del Camp que el Torío havia penjat a la pissarra. Poca cosa. Copiar un Miró, i en una hora. I amb unes pintures que, de tan resseques, quan les havíem acabat d'estovar a base de barrejar-les amb aigua, ja era l'hora de lliurar la làmina al Torío. Un tipus enrotllat, el Torío. Potser ho porta l'assignatura. Aquell dimecres, però, així que va sortir de l'aula amb el Santcristogròs també va començar a fer mala cara. I van tornar a entrar i, en un tres i no res, l'Àxel, que estava més ben encarat, em va dir:

—Mira, Biel, Mira. Surten amb la Gina.

I el Torío es va quedar allà palplantat, amb la porta de l'aula de disseny oberta, i la directora i tu vau anar cap a la secretaria i allà vaig pensar, que estrany.

—Què pot haver fet? —li vaig preguntar a l'Àxel.

Encara no havíeu arribat a secretaria que van sortir l'home misteriós i la teva mestra, que no recordo com es deia, i ella et va posar la motxilla a l'esquena i, amb gest maternal, si em permets que t'ho digui, et va fer dos petons. I el Santcristogròs, que no havia fet mai dos petons a ningú, es va limitar a tocar-te la carona, amb un tic més aviat fred. I l'home, ell sí amb decisió, et va agafar la mà i, xanoxano, vau anar tirant cap al carrer. En passar per davant de l'aula de disseny, el Torío et va fer adéu amb un pinzell i, pel que vaig veure de lluny i girant el clatell, et va somriure.

—Tu creus que l'han expulsat?

—A la Gina?

—Per què se l'emporten, doncs?

—Aquest senyor no és el seu pare...

—Qui vols que sigui?

—El seu pare du bigoti i aquest senyor no l'havia vist mai.

I a partir d'aquí, mentre l'Ayuso s'entretenia renyant un ganàpia que tornava *El baró rampant* d'Italo Calvino fora de termini, l'Àxel i jo especulàvem sobre per què et podien haver expulsat.

—Ha robat diners —deia l'un.

—Diners d'on?

—De la tutoria —ens inventàvem, per exemple.

—O ha entrat als vestidors d'homes —i ens venien ganes de riure.

—Sí, hi ha entrat i s'ha despullat i ha ensenyat la vulva als nens del tercer B.

L'Ayuso, de la porta estant, ens va fúmer un senyor crit. Vam fer veure que llegíem com si res i, baix baixet, vam continuar considerant opcions. En aquell moment, tu i l'home taciturn que t'havia vingut a buscar ja havíeu sortit de l'escola i havíeu pujat al taxi. El conductor, mentre s'esperava amb el comptador en marxa, havia aprofitat per fer el gir a la indonèsia per sortir de l'atzucac i tornar a baixar per Bellesguard.

—Potser se li han mort els pares...

—Diràs els avis. Com vols que se li morin els pares?

I en aquell moment precís, en un dimecres calorós de maig, prop de les quatre de la tarda, davant del finestral de la biblioteca, amb la vista al pati dels tres pins d'una escola amb nom de sant i amb l'Ayuso convertit en un personatge fantasmagòric que no deixava de remugar de fons, se'm va ensorrar el món. Vaig descobrir que els pares també es podien morir. Ningú fins aleshores no m'ho havia dit. No ho havia pensat mai. I de cop i volta, totes les meves certeses van trontollar. Vaig incorporar un risc a la meva vida. Una por nova, desconeguda i profunda.

—N'estàs segur, Àxel, que si som nens se'ns poden morir els pares?

Em va explicar que tenia un cosí a qui li havia passat. I em va assegurar que no era veritat que els pares es morissin de vells. No necessàriament, vaja. Jo em resistia a creure-ho i, quan em van venir a buscar, tot va ser pujar a l'R5 i preguntar a la meva mare si era veritat que... Vaig treure el tema amb recança, amb l'esperança que fossin cabòries de l'Àxel. I no recordo la resposta exacta, però vaig entendre que sí, que aquí la pot palmar tothom a qualsevol edat i en qualsevol moment. Com les tres filomenes que teníem a casa i que s'havien anat morint així, passi-ho bé, dins de la peixera, sense que n'arribéssim a saber les causes. Saps quin trasbals va ser allò per a mi durant molts mesos? Per això et deia que mai no oblidaré la primera vegada que em vaig fixar en tu. Fins aquell dia sabia qui eres, esclar que sí. La Gina, una nena del mateix curs, d'una altra classe, que potser era de les més bones a l'hora de fer tombarelles a gimnàstica però de la qual gairebé no sabia ni els cognoms.

L'endemà, a l'escola, la nostra senyoreta, la Núria del tercer C, ens ho va comunicar. Dreta, davant de la pissarra, ens va dir que, en el que quedava de curs, hauríem d'ajudar la Georgina Castro si la vèiem trista, perquè se li havia mort la mare. Mai una classe de nens i nenes de nou anys havia escoltat la senyoreta Núria amb tanta atenció. Mai la Núria, amb tretze anys com a mestra, havia vist unes carones tan receptives al drama que els explicava. Al meu voltant, vaig veure més d'una cara pàl·lida, d'algú que, com m'havia passat a mi, acabava de descobrir una possibilitat mai contemplada. I algú, fins i tot, va somicar. Diria que era una amiga teva. I tu ens vas fer molta pena. L'Àxel, que potser ja apuntava per a estudiant de periodisme, li va preguntar a la senyoreta Núria si la teva mare s'havia mort d'un dia per l'altre o si ja estava malalta.

—D'un vessament cerebral —va respondre la Gina, que havia escoltat, contenint la nostàlgia, el monòleg catàrtic del Biel.

Això no ens ho van dir així. Van explicar-nos que s'havia trobat malament i que s'havia mort de sobte. I des d'aleshores, cada vegada que els meus pares es trobaven malament, o que no feien prou bona cara per alguna cosa, jo no ho deia a ningú però patia en silenci i volia que vingués el metge a casa per donar-los una ullada. I escoltava si respiraven bé. I si...

—Biel, et puc dir una cosa? —La Gina havia començat a agafar fred.

—Esclar... —El Biel, al seu costat, amb la mirada clavada en algun punt del sostre, li va despentinar els pèls del braç—. Només faltaria...

—Tu vas descobrir els perills de la vida. I em sap molt greu. La teva innocència a prendre pel cul. Però la que vaig caure del cavall vaig ser jo. La mare se'm va morir a mi. Als trenta-un. D'un dia per l'altre, bona nit.

—Ei, que jo...

—T'acompanya a l'escola al matí i l'oncle et ve a buscar a mitja tarda i et porta en taxi a casa seva i mentre et dóna un vas de llet per berenar t'explica el què.

—Gina, tia. Que jo no volia... Tot això t'ho deia perquè l'Àxel hauria guanyat l'aposta. Que hauria salvat el coll, vaja... Si això va passar en dimecres, és veritat que tu no vas tornar fins dilluns.

—No ho recordo. No recordo res d'aquells dies. És com si no haguessin existit. De fet, el pitjor de tot saps què és? Que no recordo la meva mare. Ni la veu, ni l'olor, ni re de re. Amb nou anys, què vols? Si hagués pogut triar —va somriure per no castigar més el Biel— m'hauria estimat més ensenyar la vulva a tots els nens de tercer.

2. Un amant als teus braços

Només n'hi havia un que no s'havia posat les ulleres per veure-hi en tres dimensions. De tota la platea, d'aquelles dues-centes persones —o potser més— que miraven una pantalla que quedava fora d'enquadrament, només hi havia un nen que portava les seves pròpies ulleres i que devia empassar-se la pel·lícula sencera en un estrany relleu, sense guipar-s'hi gaire. Era una fotografia de la portada de la revista *Life*. «J.R. Eyerman, 26 de novembre de 1952». Era tota la infomació que hi havia al marge inferior. Una instantània en blanc i negre feta durant l'estrena, als Estats Units, de la primera pel·lícula en 3D. La Gina en tenia el pòster penjat a l'habitació. La feia riure veure tota aquella gent repentinada, amb les dones mudades i els homes encorbatats, i tots —menys un nen— amb les ulleres de muntura de paper blanc als ulls. I tots, amb l'orgull a la cara de saber que participaven d'una primícia, un esdeveniment que no havia passat mai abans en tants segles d'humanitat. Els convidats a l'estrena no sabien, però, que per una foto que ni tan sols es van adonar que els disparaven, passarien a la història. Amb la ganyota eterna. La Gina es delia per les fotos de multituds on no quedava cap persona viva. Necessitava que hi aparegués molta gent, moltes cares en plans diferents i, esclar, en blanc i negre. Ja podien ser aficionats al futbol en una graderia de l'antigor, soldats en una desfilada nazi o ciutadans a seques, en una passejada massiva de diumenge per la Rambla, de quan els homes anaven amb barret pla. Els mirava les cares, n'imaginava les vides i sempre pensava el mateix. Són tots morts. Era la seva particular manera d'alleujar el sentiment d'impermanència —terrible i persistent— que ens persegueix a tots, qui més qui menys, per més que maldem per dissimular-ho.

La Gina, que mai no es pintava, va estirar-se les pestanyes amb unes tisores especials. Amb els cabells recollits, va entrar dins del vestit verd que tenia a terra. Hi va entrar per les cames i, en un gest mecànic, el va tirar amunt. Es va cordar els tres botons que queien sobre el maluc, es va mirar al mirall del costat del pòster, va obrir la finestra de l'habitació perquè es ventilés, va fer una estirada al cobrellit estampat, va agafar la carpeta de la facultat, els auriculars del walkman, i va sortir, rabent, cap a la universitat. Del passadís estant, sentia els roncs.

—Me'n vaig. —El pare, immòbil, no l'havia sentida. No el destorbava ni la sintonia del final del Telenotícies. S'hi va acostar i va cridar una mica més—. Que me'n vaig.

Com un soc. La becaina de cada tarda, a la butaca d'orelleres de tota la vida, la que sempre havia vist al menjador de casa. S'havia adonat que a les fotos del pis dels avis ja hi sortia, aquella butaca. A tot estirar, per sobreviure al pas del temps, havien farcit els coixins i l'havien entapissat amb un vellut més fosc, més sofert en deien, perquè semblés nova. El va sacsejar per l'espatlla, amb la intenció d'espantar-lo.

—Sembla que tinguis setanta anys.

—Què?

—Que no pares de clapar davant de la tele.

—Vaig cansat —va respondre sense obrir els ulls, ni tampoc gaire la boca.

—Me'n vaig. Fins demà.

—On vas?

—A classe, pare. —On vols que vagi?, va pensar.

—Fins demà?

La Gina no tenia la intenció de donar cap més explicació i, com si sentís ploure, va enfilar passadís avall, amb el casc de la moto a la mà i la música de la Gloria Gaynor dins d'una orella, gràcies a un auricular rodó, petit i encoixinat.

—T'he preguntat on vas. —El pare s'havia despertat. Ja tornava a ser ell.

—A classe.
—M'has dit fins demà...
—No te n'anaves a Bilbao, tu?
—I? Vull saber on vas, encara que jo no sigui a casa.
—En sortir de la uni ja ho veurem. —No era la primera tarda que la Gina reivindicava el dret a tenir secrets.
—Però puc saber quins plans tens?
—No ho sé, pare, punt número u. Al sortir de classe no sé on aniré, no sé amb qui aniré i no sé quan tornaré. I punt número dos, tinc divuit anys i faig el que em rota.
—I uns collons. —L'havia aconseguit desvetllar—. Com si en tinguessis vint-i-vuit. Mentre visquis aquí, em diràs què fas i on ets.
—I tu què?
—Jo què de què?
—Tu no em donaràs explicacions? Aquí hi vivim dos, em sembla...
—Només faltaria això.
—Amb qui hi vas, a Bilbao?
Al pare, amb el cul encastat a la butaca, no li va donar la santa gana d'explicar-li que hi anava sol, que tot just agafava l'últim avió del dia entre Barcelona i Bilbao, que l'endemà tenia una reunió amb l'advocat d'una fàbrica de barnilles per a eixugaparabrises a Galdakao i que no suportava aterrar a l'aeroport de Sondika perquè sempre hi fotia una ventada que les ales anaven de costat a costat, com

si haguessin d'espetegar a terra abans que les rodes. En aquell aeroport, precisament, situat en una vall de corrent d'aire, hi acumulava, ja, algunes males experiències. Al Manuel Castro —diguem-ho clar— no li agradaven els avions i només n'agafava si no hi havia més remei. I, quan no se'n podia escapar, aleshores es passava tota l'estona de l'enlairament, mentre la nau volava amb el morro més amunt que la cua, encadenant un parenostre rere l'altre sense moure els llavis fins que s'apagava el llum que li permetia descordar-se el cinturó de seguretat. Aquell avís l'entenia com un senyal de complicitat del pilot cap als passatgers. Els comunicava, com si fos una aclucada d'ull, que ja tenia la situació sota control i que no havien de patir per res fins que no es tornés a encendre el llumet del cinturó. En comptes de dir res d'això —feia anys que el Manuel s'ho guardava tot per a ell—, va repassar la Gina de dalt a baix.

—Ja et deixaran entrar a la universitat amb aquesta roba de morta?

—Sempre estàs igual. Ets...

Odiava la manera com el seu pare pronunciava les paraules «roba de morta». Amb èmfasi sobre la erra i amb un menyspreu que la treia de polleguera. L'ofenia. No suportava que es fiqués amb la seva manera de vestir i amb la seva manera de viure. I de riure. I de pensar. I de menjar, poc i sa. Va agafar les claus de la moto, que penjaven del coet del Tintín que tenien sobre el moble del rebedor, va obrir la porta, va sortir i, sense dir ni adéu, la va tancar, amb menys ràbia del que hauria volgut.

A tres quarts de nou, quan va tornar a casa, ja no hi havia ningú. La Isabel, després de planxar i deixar preparat el sopar, se n'havia anat a les sis tocades.

—Passa. No hi havies estat mai, aquí?

—Quan volies que hi hagués...?

El Biel intuïa, pel morreig que li havia clavat la Gina a l'ascensor, que d'aquell vespre potser se'n recordaria tota la vida.

—No ho sé, si quan anàvem junts a l'escola vas venir a jugar alguna vegada.

—No.

—O en alguna festa d'aniversari...

—Mai no vam ser gaire amics...

—Però podria ser, què sé jo.

—Aquesta és la teva habitació?

—La del meu pare, si et sembla, tontet. —La Gina es va acostar a la finestra—. Dóna al pati de darrere. Un garatge amb aquesta uralita no són les millors vistes.

—Està bé, tia. És com de tio, l'habitació, una mica. —Ho va intentar arreglar—. Vull dir que no és de color tal i no és cursi...

—*Claro, claro...*

Els ulls del Biel se'n van anar, de pet, al pòster de l'armari.

—Quina foto més guapa...

—Només n'hi ha un que va sense les ulleres de tres dimensions. A veure si el trobes.

El Biel es va acostar a dues passes del pòster. Va decidir fer-ho amb un ordre. Mai res a la babalà. Va plantificar els ulls a l'extrem inferior dret de la foto i va anar enfilant la mirada, en ziga-zaga, fila a fila, persona a persona...

—Segur que n'hi una que no porta ulleres?

—Et rendeixes?

—Mai.

—Una pista. —La Gina el va abraçar per darrere i li va clavar la barbeta sobre l'espatlla—. És un nen.

El Biel, com si hagués sentit ploure, va continuar escrutant la platea de dreta a esquerra i anar grimpant.

—Ja el tinc. Aquí. —El va assenyalar amb el dit—. És un nen.

—Ja t'ho he dit. Tu creus que deu estar viu?

—Home...

—Dona...

—Què devia tenir, deu o dotze anys? Esclar que pot ser viu. En pot tenir què? Uns quaranta-molts...

—I tots els altres?

—Si això és del 52... Saps què miraven tota aquesta gent?

—Ho vaig buscar, sí. —Va fer memòria—. *Bwana Devil*, la primera pel·lícula en tres dimensions.

La Gina, a primer de carrera, s'havia entretingut a documentar-se sobre el pòster que penjava a la seva habitació, a la porta de l'armari de la roba d'hivern. Hi va haver un guionista de la Metro Goldwyn Mayer, Milton Gunzburg, que tenia un germà oftalmòleg. Entre l'un i l'altre, el Milton i el Julian, van inventar-se el cinema que ells en van dir de «visió natural». Ningú no els va fer ni cas. Ni a ells, ni al seu invent, fins que un productor, i home de ràdio, com Arch Oboler va adonar-se de les enormes possibilitats comercials d'aquella mena de projeccions en què l'espectador podia tenir la sensació que estava dins de la història i que queia pels penyasegats com els protagonistes, o que els assassins se li tiraven al damunt. Ell mateix va produir *Bwana Devil*, una pel·lícula sobre homes que eren devorats per lleons. Asseguraven —sense que ningú ho hagués contrastat mai— que estava basada en fets reals. Es va estrenar el 1952, el 26 de novembre, al Paramount Theatre de Hollywood, a Los Angeles, i J. R. Eyerman va fer una fotografia que va ser portada a la revista *Life*, molt abans que la Gina Homs la pengés a la seva habitació. A la noia, com a estudiant de primer d'història de l'art a la Universitat de Barcelona, el que més gràcia li havia fet era arribar a trobar els cartells que anunciaven la primera pel·lícula en tres dimensions. L'eslògan era «*A LION in your lap! A LOVER in your arms!*».

—Un amant als teus braços. —La Gina es va abraçar al Biel.

—M'agrada molt la teva habitació —va respondre ell, que li treia un pam.

—A mi el que m'agrada més... és el llit. —La

Gina el va deixar anar i es va llançar al damunt del matalàs, amb un salt que no era la primera vegada que practicava. Era tan poca cosa que la llana la va acollir sense fer-la rebotar—. Vine.

La Gina es va descordar el vestit i el va deixar lliscar fins a la catifa de l'habitació. Roba de morta, va pensar, i uns collons. Dels sostenidors i les calces —que no pretenien anar a joc—, va deixar que se n'encarregués el Biel. El noi, amb la il·lusió del qui juga fora de casa, s'hi va esforçar. Sabia que ningú no esperava gaire d'ell i que, si els seus dits de guitarrista s'hi esmerçaven, podia aconseguir, amb una mà a dins i l'altra al mugró, que la Gina arribés al cim abans que ell acabés d'interpretar el *Concierto de Aranjuez*. Amb els primers arpegis en va tenir prou per saber que havia pogut sorprendre la Gina, que vivia aquella experiència en tres dimensions amb els ulls tancats. Cinquanta esbufecs després, i amb un coixí a la cara perquè els veïns no la sentissin esgüellar, es va deixar anar.

En acabat, ell —que s'havia despullat tot sol— va tenir pressa per posar-se a sobre. Pressa, també, a clavar les batzegades. I, finalment, massa pressa per empatar. Com si en el manual dels malentesos estigués escrit que el sexe és un partit que sempre ha d'acabar sense vencedors ni vençuts.

Tot just s'havia enretirat, amb la respiració encara a cent vint pulsacions, el Biel va fer una pregunta. La que no havia de fer.

—Què tal?

La Gina, ja de jove, no suportava la punyetera mania dels homes que, tinguin l'edat que tinguin, demanen que els posin nota a cada clau. Com si tot es pogués reduir a una xifra. Com si tots els homes es pensessin que mereixen d'excel·lent en amunt. Per no puntuar-lo, per no convertir el vespre en un fòrum de debat sexual que no li venia de gust, va fugir d'estudi.

—Qui m'havia de dir, a mi, que em tiraria el nen més lleig de la classe?

—Home...

—Dona, dona...

—Però he millorat, no?

—No et facis il·lusions, que no ens casarem.

Van riure. El Biel es va acabar d'eixugar amb la tovallola de bidet que, a l'instant precís, li havia passat la Gina perquè no taqués els llençols i la va llençar a terra, al costat de les seves sabates. Va respirar fondo i va estirar-se panxa enlaire, mirant el sostre. Amb la mà, suaument, despentinava els pèls de l'avantbraç de la Gina. Durant un parell de minuts, mentre van anar recuperant les palpitacions, no es van dir res. Relaxats i buits, al noi del nas guerxo i les celles espesses, exagerades, li va agafar la xerrera.

—Mai no oblidaré la primera vegada que em vaig fixar en tu.

El Biel, agraït i eufòric perquè s'havia calçat una antiga companya que es pensava que no es faria mai, ho deia tot a mitja veu, com els amics que estan de colònies i, de llitera en llitera, es confessen pensaments i desventures, a les palpentes.

Li va explicar la juguesca que van fer amb l'Àxel, de la biblioteca estant, un dimecres a la tarda quan van adonar-se que, a través del pati dels tres pins, arribava a l'escola un senyor que no havien vist mai. L'home parlava amb l'un i amb l'altre, amb posat greu, fins que van treure la Gina Castro de l'aula de plàstica. La Gina aleshores encara es deia Georgina Castro, deixava la pintura del Miró a mitges, i l'enrotllat del Torío li deia adéu amb el pinzell a la mà, mentre la directora de l'escola s'ho mirava, tibada, des de la porta de la secretaria. L'home misteriós i la companya del tercer C, amb la motxilla a l'esquena, pujaven en un taxi i es perdien cap a la civilització.

La Gina escoltava el relat com si fos un conte aliè, com si aquell no hagués estat el dia més impactant de la seva vida. No entenia com, sent les hores més greus, no en recordava res, i com tot el que li anava desvelant el Biel li semblava, a tot estirar, haver-ho viscut en un somni boirós i breu. Tampoc mai no s'havia imaginat de quina manera els seus companys de curs s'havien assabentat de la mort de la seva mare. No s'havia plantejat, ni per un instant, què van dir d'ella a partir del moment en què, sense saber-ho, es va convertir en el centre d'atenció. Ni què pensaven d'ella els seus amics de curs quan la veien, pel pati, pel menjador o a classe, com una nena òrfena de mare als nou anys, així, pam, de cop i volta. No entenia per quina estranya oxitocina havia oblidat tota aquella tarda a l'escola. Com si tot allò no hagués passat mai.

—De fet, el pitjor de tot saps què és? Que en tinc divuit i no recordo la meva mare. Ni la veu, ni l'olor, ni re de re. Amb nou anys, què vols? Si hagués pogut triar, m'hauria estimat més ensenyar la vulva a tots els nens de tercer.

Van tornar a riure. En el silenci, el Biel va detectar un soroll sec. D'una porta que es tancava.

—Què és això?

—Re. L'ascensor.

—No és aquí mateix?

—Tranquil, que el meu pare està de viatge.

—Jo ho sento aquí mateix.

—Deuen ser els veïns. —La Gina no es va neguitejar—. Són cinc fills.

De cop, però, va reconèixer el so del manyoc del seu pare. Tothom, a base de repetició, posa la clau al pany d'una manera característica.

—Merda, el meu pare.

I aquell so, clavat, feia molts anys que el sentia moltes vegades cada dia.

—Gina, hòstia, què dius?

—Fote't sota el llit.

El Biel va saltar per sobre la Gina i, del mateix bot, va col·locar-se sota el somier. Havia dibuixat, a l'aire, una paràbola perfecta, com la del seu nas. Ella va arreplegar tota la seva roba i, com si fos una tirada guanyadora a les bitlles, la va llançar llit enllà.

—Hola, nina —va cridar el pare del rebedor estant, abans de tancar la porta.

—Les sabates, les sabates —va dir, baixet, el Biel.

—I Bilbao? —va cridar la Gina, posant-se el pijama a cuita-corrents—. Què ha passat?

—Les sabates... —insistia neguitós el Biel, amb tanta sordina a les cordes que la Gina ja no el va sentir.

—Tempesta a l'aeroport. —La veu seca del pare cada vegada sonava més a la vora—. Ja no ens han deixat sortir d'aquí.

—Un moment, pare, que m'estic despullant.

—Diuen que allà al nord ha caigut aigua per la mort de... per l'amor de Déu.

Per les passes, el Biel notava que ja el tenia allà mateix.

—No entris... —La Gina, posant-se les mans al cap.

—Ja saps que no suporto les portes tancades.

I el Manuel Castro, vidu en primeres núpcies de la Paulina Homs, va obrir.

3. No va ser un bon dia

No va ser un bon dia, va dir la Isabel. L'àvia s'havia presentat a casa escopetejada i, sense esmussar ni un delaguard, havia entrat a l'habitació de la seva néta per certificar la notícia. El seu fill l'hi havia comunicat per telèfon i ella no s'ho acabava de creure. No s'empassava que la Gina, després d'una discussió amb el seu pare —el motiu de la qual el Manuel no li havia volgut dir—, hagués buidat l'habitació. La Gina tan sols hi havia deixat els peluixos de quan era petita, les atapeïdes capses d'apunts de l'escola, el cub de Rubik amb la cara verda completada i el pòster dels senyors i les senyores de Los Angeles amb les ulleres de tres dimensions. A l'àvia, aquella imatge de la fi del món no li va fer cap gràcia. De males puces, aguantant-se en un bastó que caminava més de pressa que ella, va tornar a la cuina i li va preguntar a la Isabel, del dret i del revés, si sabia per què la seva néta se n'havia anat de casa. Si sabia per què s'havia instal·lat en un pis d'estudiants. Si sabia on queia aquell pisot de mala mort. Si sabia amb qui coi hi vivia. Si eren nois o noies. Quants eren, en total, en aquell cau. Si tenia una habitació per a ella sola. I, sobretot, li va preguntar si la Gina, en algun moment, s'havia plantejat d'anar-se'n a casa d'ella, a casa de l'àvia Lourdes. La seva única àvia.

La Isabel ho sabia tot, però no va dir res. Sense alçar els ulls del marbre de la cuina, es va limitar a respondre: no va ser un bon dia.

—Quants anys fa que treballa aquí? En deu fer uns vint... —L'àvia Lourdes no es va resignar.

—No encara. Vaig arribar poc després del casament dels senyors.

—Vostè li ha fet de mare a la Gina des que falta la Paulina, vostè ho sap tot... —Va picar a terra amb la virolla de l'elegant bastó—. Digui'm què va passar.

La Isabel, que en aquella família havia après —prova i error— que el millor per no tenir conflictes era fer com si les coses t'entressin per una orella i et sortissin per l'altra, s'estimava la Gina, sí. Havia vist com es feia una dona i com descobria els sentiments i les pors de cada dia. No creia, però, que rentar-li les calces, treure-li els pèls de la dutxa, netejar-li el vàter, fer-li el llit i cuinar-li no sé quantes amanides sense ceba a la setmana fos fer-li de mare. Era una feina digna. Ben pagada, segons com t'ho miressis. I era veritat que sabia tots els secrets de la

Gina i que s'havia convertit en confident i consellera de la vida. Però tan sols era una feina com qualsevol altra i, d'aquella batalla entre pare i filla, no en volia sortir escaldada. Encara que la Isabel —melena negra, nas arrugat— semblés de pedra picada, patia per si el senyor Castro, ara que es quedava sol, pensava que ja podia prescindir dels seus serveis; o si arribava a la conclusió que, a casa, no necessitava una dona tota la jornada, cada dia de la setmana. Cada setmana de l'any. Potser voldria passar amb menys. O no caldria que hi anés tantes hores, amb el que això significaria a final de mes. I la Isabel, al seu catau de Masquefa, tenia un gandul al sofà i dos fills que portaven la gana de quatre. D'aquells petarrells, sí que n'era la mare.

—No va ser un bon dia.

—Isabel, per la mort de Déu.

—Ja sap com és el seu fill quan s'enfada. —Va dubtar de continuar, sense deixar de convertir un api en juliana—. I la seva néta és una mica com vostè. L'orgull dels Bonjoc.

—La Gina no és Bonjoc.

Però és la maleïda herència que vostè li ha deixat en vida, va pensar. Orgullosa i geniüda com ella. Són pastades, però també es va estalviar aquelles dues paraules. La Isabel sabia com havia anat tot. Si més no, tenia la versió de la Gina, dolguda com mai no l'havia vista amb el seu pare.

El Manuel havia arrossegat el Biel, de sota el llit. Li havia tirat la roba perquè es vestís, li havia exigit que toqués el dos i que no tornés a veure mai més la Gina.

—Ho has entès?

—Sí, senyor.

—I tu, ho has entès?

La Gina, sufocada i enrabiada, s'havia pogut engiponar les calces i els sostenidors, havia llançat amb ràbia el cub de Rubik a la panxa del seu pare —«T'he dit que no entressis»— i s'havia tancat al lavabo. Plorava per dins. No volia que el seu pare, fet una fúria com no l'havia vist mai, la sentís des de l'altra banda de la porta.

—Ja parlarem demà. Ara no et vull ni veure.

L'advocat Castro sabia que, en calent, no resoldria el cas.

Com si es calés foc. El Biel mai no s'havia vestit tan de pressa. Va passar pel costat del pare de la Gina i, amb la veu evaporada, li va gosar dir:

—Escolti, que som majors d'edat.

—I per això t'amagaves sota el llit?

—És absurd, sí, però... —va arronsar les espatlles, sense deixar de caminar.

—Que fotis el camp!

El crit va ser tan sec com el cop de porta del Biel, que va marxar de la vida de la Gina durant vint anys.

L'endemà no va ser un bon dia.

La Isabel —de vuit a set, amb una hora per dinar

i mirar la telenovel·la— els havia preparat l'esmorzar. Dos sucs de taronja espremuts i colats a mà, un cafè amb llet i una torrada amb melmelada de préssec per al senyor Manuel i una puça de formatge disgustat per a la Gina. Com cada matí, els havia parat la taula a la cuina, amb les estovalles acolorides que la Paulina havia dut d'una botiga de Bergen, en l'última ocasió que va ser a Noruega. La Isabel les havia rentades i planxades tantes vegades que aquells dibuixos blaus i vermells i els arbres amb aire nadalenc li començaven a semblar massa enfarinats. Eren, però, les úniques estovalles que volien el senyor i la Gina. Per esmorzar, no n'haurien acceptat unes altres.

El Manuel, dutxat i ruixat amb 1916, va ser el primer a asseure's a taula. No va desplegar el diari ni per veure'n la portada. Ni tan sols es va treure l'americana ni la va penjar a la cadira com feia cada matí, sense patir perquè se li deformés. No era presumit. Tenia tres vestits foscos, dues americanes blaves i, sense mirar-s'hi gaire, anava combinant els conjunts amb una bona col·lecció de corbates amples. Tant se valia que la moda les volgués estretes; ell, que es vanava de no haver-se entretingut mai davant d'un aparador, anava a la seva. La Isabel, aquell matí, el va notar capficat. El senyor Manuel només li havia dit estop i gràcies, per encertar la mesura exacta de la llet en el cafè.

La Gina, seca, ossuda com sa mare —com tothom s'encarregava de dir-li—, no va trigar a posar un peu a la rajola de la cuina. Encara duia els cabells molls, deixats anar. De tant en tant, de les puntes negríssimes li regalimava alguna gota que moria al damunt de la brusa. Se sentia segura, amb aquella camisa. Era nova, de color de camell vell, amb els botons esgrogueïts i calculadament esfilagarsada a l'altura del puny bufat.

—Bon dia —amb educació.

—Bon dia —sense efusivitat.

No es van mirar. La Isabel els va deixar sols. Sabia que era l'àpat que pare i filla feien junts. Així ho havia volgut el senyor Manuel des que la Isabel havia entrat a treballar a casa.

—M'has de dir res d'ahir?

—... No.

—No creus que n'hàgim de parlar?

—Què vols que et digui? —va esbufegar, perquè el pare notés que la conversa no li venia de gust, que s'estimava més fer com si no hagués passat res—. Lamentable.

—El què?

—...

—Digues. Parlem tranquil·lament. Lamentable, el què?

—No. Digues tu primer.

—Molt bé. —Amb dos glops, el pare es va acabar el suc de taronja—. No vull que cada vegada que marxi de viatge això es converteixi en una casa de barrets.

—M'estàs dient... puta?

—Jo no he dit això.

—M'has dit puta. Comences fort.

Va tirar la cadira enrere, d'un cop de cul, com si anés a aixecar-se.

—He dit, i no em facis dir el que no he dit, que no vull que casa meva es converteixi en un picadero. I que vull que vigilis amb qui vas, que no pot ser que el primer que passa pugi a casa...

—El Biel no és el primer que passa. És un amic de l'escola.

—Se me'n repixa qui sigui. —El Manuel, que mentre no podia dormir s'havia imaginat per on aniria la conversa, ho volia dir tot sense alçar la veu—. Jo, en tots aquests anys, no he portat ningú aquí a casa.

—Només faltaria.

—Per respecte a tu...

—Segur.

—I per respecte a la teva mare.

—Ha... Encara t'haurem de donar les gràcies. —La Gina, ofesa, hauria mirat al cel si la vista no hagués topat amb el sostre—. Oh, mare, que sàpigues que el papa no ha portat cap dona a casa en tot aquest temps. Ell només juga a pòquer els dijous. Dóna-li les gràcies.

—No facis teatre, i no cridis.

Ni cas. La Isabel, del passadís estant, estirava l'orella. Sabia que no era la primera ni la segona vegada que la Gina feia pujar, a la seva habitació, un company de l'escola. O de la universitat. O un nano estranger que havia conegut en un museu. I qui diu en un museu diu en un bar o en una festa. La Isabel ho descobria pel rastre dels llençols. I per les tovalloles de bidet que la Gina els donava perquè s'eixuguessin. Després, la tirava al cove de la roba bruta.

—Ja ho veus, marona, et vas casar amb un sant i t'ho estàs perdent. Quina llàstima...

—Ets molt injusta.

La Gina va aparcar la comèdia i va apartar la vista del sostre. Va decidir clavar la mirada als ulls del seu pare.

—Ja està. Ja ha parlat l'advocat. Quin gran advocat que em prohibeix que em vegi amb els meus amics.

—Gina, prou! —El Manuel, amb un sol crit, va aconseguir fer-la callar. Segons després, va tornar a la conversa serena—. Ja està bé, dona, que t'estic parlant *en sèrio*.

—I jo també...

El pare va encendre un cigarret i va respirar fondo.

—Acosta'm el cendrer.

La Gina va aixecar el cul de la cadira i va haver d'estirar el braç, enrere, per arribar a l'escorreplats, al costat de la pica. El cendrer, de cap per avall, encara estava humit. El Manuel Castro, amb l'alè calent pel cafè amb llet, va recuperar el fil de la troca.

—Jo només et dic que vagis amb compte, que et facis valdre i que en aquesta casa hi ha unes normes i que vull que es compleixin. No és la primera vegada que t'ho dic.

—No, no és la primera vegada. Això és veritat. I potser serà l'última.

Precisament, per la gravetat del que anava a dir, la Gina sabia que no li convenia encendre's.

—Mira, pare, no t'ho prenguis malament... Reconec que has fet de pare tan bé com has sabut. Segur que no és fàcil quedar-se vidu amb una nena de nou anys que no havies banyat mai, ni canviat mai, ni eres mai a casa quan se n'anava a dormir perquè sempre tornaves tard de la feina.

—I això a què ve, ara?

—No t'ho retrec. De debò que no...

—Doncs ho sembla.

—De debò que no. —La Gina va posar la seva mà sobre el braç del pare, que no el va gosar enretirar—. Al contrari, deixa'm acabar, que et volia dir tot el mèrit, segur, que ha tingut que jo em convertís, d'un dia per l'altre, en el centre de la teva vida durant deu anys. Sempre pendent de mi. M'has cuidat, m'has mimat, m'has estat a sobre, m'has fet fer els deures, m'has ajudat amb les integrals i les derivades, m'has portat amunt i avall, al cinema, al circ, al Tivoli de Copenhaguen i al Tibidabo... M'has educat, m'has renyat quan tocava, m'has fet tota mena de regals, aquí passaven els Reis, el Pare Noel i cagàvem el tió, no m'ha faltat de res, m'has enviat a Canterbury a aprendre anglès dos estius seguits amb les amigues de l'escola, m'has parlat de la mare, m'has explicat com era, m'has ensenyat les fotos dels viatges que tant li agradaven, em vas buscar el millor dermatòleg quan tenia la cara com un cràter, m'has deixat estudiar la carrera que he volgut i m'ho has pagat tot. Tot això t'ho reconec, *chapeau*, pare, té molt mèrit, t'ho agraeixo i t'ho agrairé, segur, tota la vida. I, collons com costa de dir-ho, t'estimo, hòstia, pare. Ets la persona més important de la meva vida. T'estimo, ho sents?

El Manuel va fer el cor fort. La Isabel, amb l'aspirador a la mà, sense engegar-lo per no destorbar, va estar a punt d'emocionar-se.

—Però no puc més, pare. Igual que et dic una cosa et dic l'altra.

—No pots més de què?

—Del control. Que m'estiguis sempre a sobre. Que et fiquis amb qui vaig o amb qui deixo d'anar i, per exemple... Que cada dia, cada dia del món sens falta, facis un comentari de com m'he vestit. Només és un exemple.

—És roba de morta, perdona que t'ho digui.

—És de segona mà. Me la compro en una botiga del carrer Avinyó i no és de morta. És de segona mà. Roba usada, d'una altra persona. O m'és igual de qui sigui. M'agrada i m'ho puc gastar? M'ho compro. Què passa? Ho veus com ets un...

—Un què? Digues...

—...

—Insuportable?

—Un xinxetes. Tot el dia burxant i burxant sense parar. I no ho entenc, pare. No puc més.

—De què?

—De tu. De tant control. Ho sento, hòstia. M'has fet una tia independent, has fet que em valgui per mi mateixa, que sigui valenta, has insistit trenta mil vegades en això, i com si et fes ràbia que hagués fet els divuit, normes, normes i més normes.

—No estem parlant d'això.

—Sí que estem parlant d'això. Jo vull un pare, un pare normal, no un vigilant de seguretat.

—El tema és que hi havia un tio despullat a sota del teu llit.

Sí, què passa? I una estona abans estava a sobre del meu llit. I també estava a sobre meu, mira. No es va atrevir a revelar-li detalls que el pare ja s'hauria pogut imaginar. De la seva boca, però, es va escapar un desafiament pitjor.

—I si em surt de la figa hi tornarà a estar.

—No en aquesta casa, Gina. I no em parlis així, sisplau.

—Ho veus? Sisplau. Sisplau de què? Ho dius tot així, sense perdre la compostura i amb la corbata ben posada. Sense aixecar mai el... Però vas fent, vas dient, vas percudint, no calles, tu, pam, pam, pam, i al final no pots més. Ja no puc més. I planyo la mama d'haver conviscut amb tu.

—No et passis ni un pèl, noia —va apagar el cigarret, amb mala jeia.

La Gina Homs, que per uns dies encara es va dir Georgina Castro, es va armar de valor.

—Mira, pare... Ja feia dies que ho pensava, però

aquesta nit hi he donat voltes i m'he adonat que tu i jo estem millor si ens veiem poc. Estem molt millor. Sí o no? Que ens estimem molt, eh, però no cal que estiguem tan junts.

—Adéu.

—Això és el que t'anava a proposar.

—Ja pots fotre el camp.

—No et pensis que em treus de casa...

—Adéu, t'he dit.

—Sóc jo qui me'n vaig.

Maleït orgull dels Bonjoc, va pensar la Isabel amb l'orella dreta. Va decidir engegar l'aspirador i, amb el seu estrèpit, que donessin la conversa per acabada. No hauria dit mai que a la catifa del passadís s'hi hagués acumulat tanta pols.

4. Un tercer sense ascensor

Dues maletes dures. Una Samsonite, amb rodetes, de viatge llampec. Tres bosses d'esport plenes a rebentar de sabates. I una capsa de cartró, amb atuells de cuina i un setrill nansat i unes manyoples i unes mandangues que la Isabel li havia preparat perquè no li faltés de res en la seva fugida cap al pis d'estudiants. L'inventari de la vida, als divuit, encara és carretejable. Déu n'hi do, de les coses que encara deixava a casa del pare, pensava la Gina. Si les necessitava, ja tornaria a buscar-les. Res no l'hi impedia. El pare, ni en el moment de més tensió, no li havia dit que en aquella casa no hi posés mai més els peus. Al contrari, les últimes paraules, abans del comiat eixut, flegmàtic, van ser per dir-li que hi anés sempre que li vingués de gust, però li va posar una única condició: que estigués de bon humor. Que de males cares, a casa seva, no en volia.

Quan la Gina va tenir totes les pertinences al carrer, es va adonar que un home, que semblava desorientat, s'acostava a poc a poc per la vorera. Caminava amb el balanceig dels insegurs. Semblava endut per un vent indecís. Mirava amunt, com si busqués alguna cosa amagada en els edificis, a mitja altura, i va estar a punt d'ensopegar amb la maleta negra de rodetes.

—Oh, perdoni...

L'home, amb una mata negra de les que cauen pel propi pes, brandava els braços com si volgués dir alguna cosa però no se n'arribés a sortir. I li feia ràbia no saber-se expressar en la llengua del país. La Gina, a primer cop d'ull, el va trobar atractiu. Era un home de faccions rudes, amb els pòmuls marcats i un nas, rodó i petit, que no feia per ell. Per la vermellor de les galtes, de seguida va saber d'on era. N'havia vist molts com aquell, de més joves, en pubs del comtat de Kent. L'home maldava per dir alguna cosa, però no trobava les paraules. Per més que s'hi escarrassava, no hi havia manera. Finalment, tip de balbucejar com un idiota, l'anglès d'ulls verds i aire intrigant va demanar clemència amb la mirada a la noia dels paquets.

—*Do you speak english?*

—*More o less...*

—Estic buscant... —De la butxaca de la jaqueta, en va treure un paper una mica rebregat, el va mirar i va llegir amb dificultat—: Polina Joms.

—*Paulina Homs, maybe?*

—*Miss Polina, yes.*

Va bé per anar a Sants, aquest: només arribava deu anys tard. Que havia vingut amb un tren espanyol, potser? L'anglès va tornar a clavar l'ull al paperet.

—Rambla de Catalunya, 127.

I va mirar el número del portal, per cerciorar-se que no s'havia equivocat.

—La direcció és bona, sí. Li portes algun paquet?

—No, no... Paquet? Jo no.

—*Then*...

—He vingut per conèixer-la.

I en aquell instant del 21 de juliol d'un estiu calorós, just quan els butlletins horaris de les ràdios informaven que Pere Calders, l'escriptor del realisme màgic, acabava de morir als vuitanta-un anys, la Gina es va sorprendre a ella mateixa. Potser perquè el primer cop d'ull havia estat agradable, potser perquè la va enxampar en un moment de trasbals, potser també perquè encara estava enrabiada amb l'home més important de la seva vida, potser perquè de cop i volta el matí se li posava enigmàtic, potser perquè encara li agradava jugar amb la vida, potser perquè estava ovulant i se sentia rara, es va mirar de fit a fit l'anglès que tenia al davant, li va deixar anar un somriure que volia ser franc i li va dir, amb convenciment: «*That's me.* Jo sóc la Paulina Homs».

Van encaixar de mans.

—*How do you do.*

—*How do you do.*

—Mark. Mark Granger.

—Paulina Homs. —L'hi va repetir encara més lentament, ficant-se en el paper—. Pau-lina Oms, la H no sona. Oms, tal qual. I què vols de la mev... què vols de mi?

—En realitat, res.

—Re?

—No ho sé, la veritat. Va ser un impuls sobtat. No esperava trobar-te així, tan de pressa, i que fossis tan...

—Véns fins aquí des d'Anglaterra i no saps què vols?

—Bé, treballo a Londres, sí. I visc a l'East End, però jo sóc gal·lès. No podem dir que sigui anglès.

—Mark, escolta, em trobes a mig... Tinc pressa. En què et puc ajudar?

—Ajudar? —El gal·lès va somriure, descollocat—. Això t'ho hauria de preguntar jo a tu.

La Gina, en la pell de la seva mare, havia començat un joc que, tan sols un minut després, ja no sabia on la menaria. Ni tampoc intuïa com ho podria aturar, quan arribés el moment de revelar la veritat a aquell Mark Granger a qui li faltava un dit a la mà esquerra, tot i que encara no havia pogut fixar-s'hi prou per saber si era l'índex o l'anular. Si som al ball hem de ballar, havia sentit dir a l'àvia Lourdes en més d'una ocasió, i va decidir anar a totes. Què hi podia perdre? I què carai, posar-se a mantenir una conversa en boca de la seva mare era un divertiment nou, inesperat.

—A mi, francament, no em pots ajudar en gran

cosa. Però si has agafat un avió des de Londres i has vingut fins a la rambla de Catalunya 127 per trobar-me... Per cert, ja ho veus, m'has agafat pels pèls perquè estic de mudança.

—Un viatge?

—No ben bé. —Tampoc li va donar la gana de donar-li més explicacions. Si no em controla ni mon pare, a veure si ara vindrà a fiscalitzar-me aquest anglès o gal·lès o d'on collons sigui.

—I ara de què rius?

—La veritat és que tampoc no he vingut en avió. He baixat amb cotxe.

—Des de Londres?

—*Yea...*

—Quina botifarra. D'una tirada?

—M'agrada conduir. Però he dormit en un d'allò d'autopista, passat Lió. Un Novotel. Quan t'agafa la son...

—Sí, sí... —Les frases fetes canvien d'una llengua a una altra, però els clixés són els mateixos.

—No fa ni trenta hores que sortia de casa. El meu avi, *once upon a time*, sí que es va adormir conduint. La història és bona. El meu avi, de la branca Granger, tenia un dels primers Ford que hi va haver a Gal·les després de la guerra. I un dia, fa molts anys, jo no havia ni nascut, va fer una capcinada al volant, però amb tanta mala sort que, clapat com estava, el peu va continuar prement l'accelerador sense adonar-se'n. El cotxe va tirar recte, endavant, encara uns metres i, just abans d'espetegar amb la barra d'un pas a nivell, l'avi es va despertar de cop, va tenir prou reflexos per acotar el cap i, com si fos un miracle, el cotxe va passar per sota just un instant, només un segon, abans que passés el tren.

—*Lucky man*, l'avi.

—Un miracle, ja t'ho dic. Som gent amb sort, els Granger. Sempre ens salvem pels pèls. Després de l'ensurt, però, l'avi ja no va tornar a conduir. Mai més va voler saber res del cotxe.

A la Gina, amb l'estesa de paquets al carrer, amb el tràngol de deixar una vida assegurada per marxar a l'aventura i amb un cel que no tenia bones intencions, la historieta de l'avi Granger se li'n fotia.

—Doncs jo m'estic traient el carnet.

—No saps conduir?

—Quants me'n poses?

—*Don't know*...

—Aviat faré els dinou. I tu?

Tenia quaranta anys i el dit que li faltava era el del mig. Ara ja ho havia pogut veure. Tenia una mà grossa i uns dits forts. Els que li quedaven. Les ungles, massa llargues per al gust de la Gina. En un home, fan de vell.

—I puc saber, Mark, ara que ja conec el teu *grandfather*, per què m'has vingut a buscar, si no ens coneixem de res?

—No he vingut expressament. O no ben bé. Tenia quinze dies de vacances, tinc una habitació llogada a Salú, Salou —es va esforçar a corregir-se—, però ja que passava per Barcelona i que per telèfon no he aconseguit trobar-te mai, he pensat que si em desviava i et trobava i et coneixia, podia tenir gràcia.

—Però trucar-me a on?

—A quin collons de... l'he fotut ara? —La mà dels quatre dits del Mark Granger anava atrafegada de butxaca en butxaca, però no en treia res—. Ara sí.

A l'infern de la jaqueta hi va trobar el paper que havia mirat abans, per clavar l'adreça. L'hi va donar a la Paulina. Era, de fet, una targeta seva. Amb el seu nom i la direcció de la rambla de Catalunya 127 i un telèfon, i alguna cosa escrita que, a la primera llambregada, la Gina no va encertar a veure què hi posava.

—Aquest és un telèfon antic. No m'estranya que no em... D'on ho has tret, això?

—D'un llibre, deu fer dos o tres anys. La vaig trobar dins d'un llibre. D'entrada no hi vaig donar importància. Vaig veure que hi posava «*Appelle-moi*», i la vaig guardar molt temps, potser més d'un any. I un dia vaig pensar, «Truca, Mark, no hi perds res». I vaig trucar. Un dia, i l'altre. Però mai no va contestar ningú... Diria que no donava ni senyal. Vaig mirar que els prefixos de Barcelona estiguessin bé, però res.

—2032875. Uf, ja fa anys que ens van canviar de número, ja et dic...

La Gina, per més que s'ho mirava, no entenia res. Què hi feia aquella targeta de visita de la seva mare morta feia deu anys en mans d'aquell home gal·lès de quatre dits que l'havia anat a trobar a l'altra punta d'Europa sense que realment no conegués de res la seva mare, perquè, si fos així, no s'hauria empassat que la Gina era la Paulina. I tampoc no entenia aquell «*Appelle-moi*». Aquella lletra, escrita en bolígraf blau, potser sí que podia semblar la de la Paulina Homs, però, ara que se n'adonava, havia vist tan poques coses escrites per la seva pròpia mare que no podia assegurar que ho fos, però tampoc que no ho fos. El joc s'havia embolicat. No sabia què dir, ni què fer.

—Mark, mira, em sap greu si t'has muntat tota una història. Però aquesta lletra no és meva. Algú, jo què sé... Algú devia necessitar un paper, potser va trobar una targeta meva, a terra, a Londres, i la va fer servir per apuntar això...

—Saps francès, tu?

—No.

—Jo tampoc. Vaig anar a petar a un company de la feina, un paio de Calais que fa la ruta del nord. Li vaig preguntar què posava aquí i em va dir: truca'm.

—*Appelle-moi*, sí, sí. Ja ho veig. Però jo segur que no vaig escriure això —acabava de dir la primera veritat en molta estona—, però no entenc què hi fotia aquesta targeta meva en un llibre.

—Però has estat mai a Londres? —La pregunta li va sonar a manual d'anglès bàsic. *Have you ever been in London?*

—Sí, sí... —En un moment va pensar com a Paulina, i també com a Gina, si havia fet cap a Londres—. Sí, dues vegades... Em van enviar dos estius a estudiar anglès a Canterbury i els caps de setmana baixàvem d'excursió a Londres. Però... —La Paulina li va tornar la targeta a la mà esguerrada del Mark— on dius exactament que vas trobar-la?

—En un llibre. Saps Charing Cross amunt amunt, que hi ha una llibreria molt gran? Potser ho coneixes...

—...

—Vaig entrar-hi. Entre torn i torn, a vegades tinc una estona per tafanejar. Vaig comprar un llibre i, al cap d'uns dies, mentre el fullejava, pam, em va caure això...

El Mark Granger buscava indicis que el duguessin a muntar una història al voltant de la troballa. Sol com estava, li calia que aquell «*Appelle-moi*» fos un senyal. Necessitava que tingués el punt de misteri, o de mel o de poesia que s'havia imaginat durant mesos. Aquella Paulina descaradament jove, però, li contestava en prosa.

—Mira, tot això em sona molt estrany. Dius que tens el cotxe a la vora?

—A dos *corners* d'aquí, diria.

—A veure què et sembla, Mark? Et proposo que m'ajudis a carregar tot això, m'acompanyes al meu nou pis i baixem a fer una cervesa.

Va trigar deu minuts a recollir-la. El sentit de l'orientació el tenia molt afinat. El Mark era gal·lès, però el seu cotxe era anglès. D'una marca, d'un model i d'un color de gos com fuig que només tenen els anglesos. No els exporten perquè no agraden a ningú més que a ells. És com les seves salses de la carn, va pensar la Gina. Però el maleter era prou gran i, a part del mínim equipatge que hi duia el Mark per als seus quinze dies en un dos estrelles de Salou, la Gina, convertida en Paulina, hi va encabir tots els embalums. Quan anava a pujar pel cantó del copilot, va topar amb el volant.

—M'hauries de deixar el cotxe per fer pràctiques. Si canviar de marxes amb la dreta ja em costa...

—Hi ha un truc. Els professionals, als companys que comencen, sempre els diem que canviar de marxes és com cardar. Com més penses en el que estàs fent, pitjor.

—Amb un dit menys no costa més?

—Follar?

—Posar la segona...

—T'hi has fixat? —El Mark va alçar els cinc dits. Els quatre.

—Et sap greu?

—No. Només em tiba quan ha de canviar el temps. Però no m'impedeix fer la meva feina. Sóc... —ho va dir sense èmfasi, ni amb humilitat ni amb orgull— sóc conductor d'autobús.

—Conductor d'autobús?

—Dels vermells, de Londres, dels de dos pisos. Segur que la primera vegada que vas venir a Londres vas pujar a dalt i t'hi vas fer una foto...

—Esclar. I segur que era el teu...

—*Why not?* Fa molts anys que dono voltes. —Va deixar anar el volant i va posar la mà dels quatre dits, ben oberta, al davant dels ulls de la Paulina—. Vols saber la història?

—Et vas adormir abans que passés el tren?

—No, no —va riure—. No és hereditari. Si algun dia ens tornem a veure, ja t'ho explicaré.

La Paulina no va respondre. La Gina, tampoc. Havia vist maneres més romàntiques d'intentar concertar una cita. Un dit amputat, quin reclam per quedar amb algú. Va decidir no respondre i es va concentrar a donar indicacions, la primera a la dreta, tota l'avinguda recte fins a la plaça i ja hi serem de seguida. És un carrer molt estret. No sé si podràs aparcar al davant. D'això se'n diu Sants.

—El camp del Barça queda a prop?

—T'agrada el futbol també a tu? No és lluny.

—Pse. Però el Mark Hughes era gal·lès. Una bèstia.

—Hem arribat. Estop, que és aquí. Descarreguem i si ve algú, que s'esperi.

—Però...

En un tres i no res, el Mark Granger va passar de xòfer a camàlic. Va arrabassar les dues maletes que més pesaven de les mans de la Paulina i les hi va pujar fins a un tercer sense ascensor.

—Què hi portes, que pesa tant?

—Només és roba de morta.

L'escala, amb la pintura blanca escrostonada, feia olor de gat i d'humitat. Els graons, desiguals, no rebien bé la passa. O relliscaven o eren massa estrets o massa alts, però no n'hi havia dos d'equivalents. Els anys i el desgast els havien convertit en traïdors, dels que et fallen quan menys t'ho esperes. Al pis no hi havia ningú. Li havien deixat la clau sota l'estora. A dins, ni festa sorpresa ni globus de benvinguda. Només burilles. Una barreja de puntes de cigarrets negres i rossos que omplien tots els cendrers que hi havia a la cuina-saló-menjador des de feia unes quantes setmanes. El piset era un cop de puny on hauria de conviure i que compartiria —perquè així ho havia triat ella per un rampell— amb un noi i dues noies més, de Reus, que havien baixat a fer la carrera d'història de l'art a Barcelona. Si s'havia de jutjar pel baf que els va fer caure d'esquena, ventilaven poc i fumaven com carreters.

—Mark, t'he promès una canya i te l'has guanyat.

La Paulina va deixar els sis paquets a l'entrada. Sense apagar el llum, va tancar la porta de cop i va tornar la clau a l'amagatall secret dels estudiants de Reus. Va deixar passar el Mark al davant, va encendre l'interruptor amb un cop de cul i, desafiant cada graó de pedra, va baixar l'escala amb la intenció d'anar a interrogar l'interessant conductor gallès de quaranta anys que, sense saber-ho, buscava la seva mare.

5. Les dones es depilen

Per què? Per què has vingut? Per què vas recollir una targeta que et va sortir d'un llibre i vas pensar que era un senyal? Per què te la vas guardar? Per què vas pensar que la trobaries en persona si, per telèfon, havies estat incapaç de localitzar-la... localitzar-me? Per què no has vingut fins ara? Què t'ha fet pensar que podies trobar-me? Et pensaves que seria tan jove i tan enrotllada? A quina llibreria dius que vas trobar la meva targeta? En quin llibre estava, te'n recordes? Per què llegeixes? Quins llibres t'agraden? Què hi fa un conductor d'autobusos llegint i llegint...?

El Mark, a la segona cervesa, havia respost que no ho sabia a gairebé totes aquestes preguntes. Que no ho sabia, o que no ho recordava, o que tot plegat va ser una casualitat i que va pensar, precisament, que a vegades l'atzar t'envia aquests missatges que has de saber caçar al vol. Va respondre que no hi perdia res, que de tant en tant cal posar sal i bitxo per trencar l'anar tirant i que no se la imaginava ni tan jove ni tan guapa. La feia més com una professora d'universitat, amb les ulleres per llegir aguantades damunt de les tetes, més senyora, no tan seca, no tan ossuda, més... Però el que no li podia deixar passar, de cap manera, era aquesta ofensa de per què llegeix un conductor d'autobús de Londres. Que som imbècils? O és que et penses que només llegeixen els mariques d'Oxford?

—No volia dir això. —La Gina es va excusar d'aquella manera, dels que tiren la pedra i amaguen la mà i, després, encara es fan els ofesos. I els incompresos. I, en el súmmum del cinisme, pretenen que els altres se sentin malament.

—Obrir un llibre és, em sembla a mi, descobrir mons, viure altres vides, donar sentit a la nostra. Anar endavant i enrere. Forjar històries. Plorar i riure. Un diari és cada dia el mateix. Els dies s'assemblen massa. Mai passa res. I quan passa alguna cosa important tampoc t'ho expliquen. Llegir llibres és, potser, l'única manera de fantasiejar una mica, trobo jo. Cadascú té el seu sistema i les seves dèries. Però és la solució que a mi, com a mínim a mi, m'ha servit per fugir de l'avorriment i per sortir de la porta giratòria.

El personatge, a part de *handsome* i de beure les cerveses com l'aigua, començava a esdevenir interessant.

—De quina porta parles, *sorry*?

—De la del dia rere dia. Llevar-se. Anar a treballar. Posar-se la camisa de la feina. Fitxar a l'hora *o'clock*. Fer el mateix durant tota la jornada. Parar i arrencar. La rutina estaborneix. La repetició t'atonta, trobo jo. Tower Hill, Monument, Cannon Street, Fleet Street, Aldwych, Stand, Trafalgar Square. I sant tornem-hi. La 15. La puc fer amb els ulls tancats. Saps què és fer cada dia divuit vegades el mateix recorregut?

—A la Fórmula 1 donen moltes més voltes i no es queixen.

—No hi ha embussos, no hi ha semàfors, no han de frenar i engegar, no han de mirar pel mirall per no arrencar sense assegurar-se que no hi hagi ningú baixant per l'escaleta, no han de respondre preguntes a turistes que mai no saben cap on volen anar... Saps quantes parades hi ha a Londres?

La Paulina va fer un glop d'Estrella. Va aprofitar per calcular, a boines, una xifra que s'hi pogués acostar.

—Mil?

—Quinze mil. Només a Londres ciutat. I amb els Routemaster rai, que la porta sempre està oberta, al darrere, i al xòfer el deixen en pau. Però ara han començat a canviar els cotxes. Tot ha de ser més segur, tot més còmode, més nou, que contamini menys. Estan fotent els cobradors al carrer, volen que controlem que la gent paga, que no es coli ningú, que...

—Necessites vacances, vaja.

—Què tal és Salú?

—Salou? —Com coi dir-li a algú que ja té l'habitació reservada com és Salou—. T'agrada la platja?

El Mark Granger, quan reia, ensenyava les dents de dalt. Netes, endreçades, amb totes les peces a lloc. Semblava més el xòfer d'un *sir* elegant de Westminster que el conductor de l'autobús de la ruta de la City.

—Preguntar-li a un gal·lès si li agrada el sol és com preguntar-li a un *supporter* del Chelsea si li agrada el futbol. A tothom li agrada el que no té. Per què no véns?

Ni la Gina ni la Paulina no van saber què dir.

—Jo? És que acabo de... —Es va sufocar. La pregunta, així, tan directa, sense cap preàmbul, d'un tema a l'altre, l'havia agafat per sorpresa. Es va adonar, però, que en el fons volia i dolia.

—Dos dies, tres. Només acompanyar-me i tornar. El que tu vulguis.

—*Why not?* —Després de dir que sí, va esbufegar—. Però estàs segur que hi haurà habitació per a mi?

—Alguna cosa farem.

Tots dos ho van entendre. I es van il·lusionar. I van pensar com és de guspirejant, a vegades, el món, que en un tres i no res, per una caparrada imprevista, amb tres paraules dites al moment, s'eixamplen els pulmons i sents la coïssor de l'enorme pinzellada del pintor sobre una tela immensa. Segur de tu mateix, mulles la brotxa al pot del vermell i, deixant regalimar les gotes sobre el paper d'estrassa, llances el traç amb un gest sec, amb la confiança d'un geni. Els sentiments s'embalen, tot és molt ràpid, gens planificat. És, en el fons, el desig sexual. El crit.

Camí de Salou pel carril del mig de l'autopista, conduint d'esma com si sonés música aquàtica de Telemann, el Mark pensava, *oh my god*, que al cap d'unes hores es podia estar follant la Paulina Homs, l'enigmàtica dona de la targeta que havia resultat ser una noia llançada, amb roba hippie, cabells arrissats i ulls de mel. La Gina, amb la mirada al punt de fuga, rumiava com se les empescaria si, en arribar a l'hotel, li demanven el DNI per registrar-se a l'habitació. Com s'ho faria per amagar al Mark el seu veritable nom si s'adonava que allà hi posava Georgina Castro. De cop i volta, va notar la mà dels quatre dits a sobre el seu genoll. Forta, calenta, sense ganes d'enretirar-se.

—Paulina és un nom gaire corrent, aquí? —el Mark es va aprofitar de les paraules per dissimular el seu gest, agosarat.

—No m'havies d'explicar què et va passar? —Va ser la primera vegada, en els dos dies que van estar junts, que la Gina li va tocar la mà.

—Haurem de fer benzina. —Es va adonar que el llum de reserva s'encenia—. El dit? No té gaire gràcia, de debò...

—M'ho has promès —la Gina, rotunda, sense cap deix manyac.

—*Ok then*. T'agraden els castells de focs?

—Bfff... De petita em fotien por.

—I ara?

—Ni fu ni fa. Els pares m'obligaven a mirar-los amb ells, des de la terrassa, i jo no volia i... Però tu no despistis.

El Mark va somriure. La Gina sabia, des de feia estona, que aquest era el millor gest del seu company de *road movie*. Quan es deixava anar, semblava més franc i menys britànic.

—Vaig encendre uns coets, en un festival infantil a la vora de Cardiff. N'havia d'encendre tota una filera. Tot ben preparat, tot muntat com en una exhibició professional. Tot anava bé: la metxa al ble, comptava a dos i m'havia d'enretirar abans que sortís el coet a tota castanya. Però n'hi va haver un, mecàgon l'hòstia, que no vaig tenir temps de res. Així que el vaig encendre, em va arrencar el dit i va sortir volant amb el coet.

—Uau, quin mal.

—El vam estar buscant. Algú em va dir que si el trobàvem me'l podrien tornar a cosir. Però quan va arribar l'ambulància, jo estava pàl·lid de collons i em fotia tant mal que vam deixar córrer el dit.

—Quina putada. —La Gina, directa, es va atrevir—: Tens fills?

—No.

—Has dit que era una festa infantil... —va voler justificar el seu raonament. No era una pregunta perquè sí.

—Tinc tres nebots. Tres brètols de cap a peus.

—I parella? —Ja posats—. En tens?

—Té alguna importància? —Ell va moure el clatell, lleugerament, per mirar la Paulina de cua d'ull—. Estic de vacances i sóc molt lluny de casa. Hem de donar explicacions a algú?

—Jo no.

—Doncs jo tampoc.

Mig quilòmetre més al sud, quan passaven per sota el rètol blau de la sortida de Vilafranca, la Gina es va voler disculpar per la pregunta.

—No dus cap anell...

—I si et dic que va sortir volant amb el coet?

Van riure amb ganes, nerviosament. El Mark Granger, com a conductor expert, sabia guiar la situació.

—Et suggereixo que no indaguis en la meva vida, t'enamoraries de mi.

—Ui, sí. Això sí que ho portes clar.

I van tornar les riallades, ara més candoroses.

Quan van aturar-se per omplir el dipòsit de dièsel, el gal·lès ja intuïa que s'havien encès tots els senyals de l'atracció. En treure la clau del contacte, es va abraonar sobre la Paulina i, amb els ulls tancats, li va mossegar el llavi dolçament, abans de petonejar-la. Ella, de seguida, li va posar la llengua dins la boca i la va moure sense parar, d'una banda a l'altra, amb desfici jovenívol, com si amb aquella punta humida i persistent hagués de perforar el túnel per sota el canal de la Mànega.

Amb el dipòsit ple, van tirar fins a l'Hotel de

França de Salou. El Mark, content, taral·lejava la música que havia posat al casset del cotxe. De totes aquelles cançons, la Gina no en coneixia ni una. No en sonava cap dels Beatles. Se li'n fotia. Pensava que mai no s'ho havia fet amb un home que tingués vint-i-dos anys més que ella, que li doblava l'edat amb escreix. Pensava, també, en quin instant li havia de dir que ella no era la Paulina que buscava sinó, ni més ni menys, la seva filla. De moment, tu, qui dia passa... Què tenen els secrets que són addictius i excitants?

En un hotel de dues estrelles ningú no et ve a treure les maletes del cotxe. Tan sols un pastor alemany, que no s'aguantava els pets i que responia al nom de Sultán, els va sortir a ensumar de lluny. Era la seva rutina amb els hostes. Després, vençut per la mandra dels anys, ja no els deia mai més ni gall ni gallina per més dies que els clients passessin en el seu modest hotel. La recepció, a l'hora de la migdiada, feia olor de sorra de platja i de calamars a la romana. La recepcionista, una dona amb tan poc encant com el vestíbul, el taulell i el clauer de l'habitació, els va rebre sense mirar-los.

—Deixa'm a mi. —El Mark, quan podia parlar anglès, anava d'espavilat—. Granger. Una reserva per a dues setmanes. Havia pagat una habitació per a un de sol, però al final serem dos, hi ha cap problema?

—Em deixen la documentació, *please*?

La Gina es va espantar.

—Tots dos?

—Només el senyor. La reserva està a nom d'ell.

El Mark va treure el passaport de la butxaca del darrere del pantaló i el va deixar, obert per la pàgina de la foto, al damunt del taulell. De Londres a Salou, en cotxe, els papers tenien forma d'u. A la foto de carnet duia barba.

—Només hi ha un problema —va dir la recepcionista impersonal, sense un bri d'ironia—. La 24 té dos llits separats.

El Mark i la Paulina es van mirar, amb complicitat. Això rai.

—*No problem.*

—I passa una altra cosa... —La recepcionista va desaparèixer dins del despatx i en va tornar amb un joc de tovalloles—. Només n'havíem posat per a un. Aquí té la de bany, la de lavabo i la de bidet. Les canviem cada tres dies. Tenen un balcó amb un cordill i unes pinces. Les poden estendre allà. La 24 és al segon pis, l'escala és al fons a la dreta, no hi ha ascensor. L'esmorzar és a la planta baixa de 7.30 a 9.30. A les 11 de la nit tanquem les portes. Si han de tornar més tard, ens han d'avisar abans. Espe-rem que estiguin a gust. —I donem el dol per acomiadat, només li va faltar dir.

No van tenir temps ni d'obrir la finestra de l'habitació. Ni tan sols la van mirar. A fora era fosc i, amb el cortinatge obert, un fanal de carrer els il·luminava vagament l'estança. Ni en la repetició de la jugada, a càmera lenta, no queda clar qui es va llançar al damunt de qui per fer el primer petó. El Mark agafava el cap de la Paulina amb les dues mans; la Gina, de puntetes, l'encaixava per sota els braços i l'engrapava per les espatlles. De tant en tant, agafaven aire per tornar-hi, de seguida, amb més desfici.

—Per a una primera cita, les dones es depilen i els homes es masturben.

—Perdona? —No estava segura d'haver-ho entès del tot.

—Ho diem a l'East End. Aquí no es diu, això?

—No... —La Gina no s'arronsava davant de comentaris grollers—. Doncs ja t'aviso que jo no he complert la meva part. I tu?

—Jo no sabia que el dia acabaria així, Paulina.

—*Claro*... L'excusa de sempre. Dels que es corren abans d'entrar...

—Xxxt, no em menystinguis.

El Mark la va fer callar amb un altre petó. Li encantava el llavi molsut i tendre de la Paulina. Ella li va descordar la camisa, amarada de tant conduir. La suor, de Lió a Salou, li havia anat mullant i encartronant la roba. Segons com, va pensar, el gal·lès tenia més teta que ella. Mentre la Gina anava al lavabo, el Mark va enretirar les tauletes de nit, va treure la Bíblia del calaixet, la va tirar sota de l'armari i va ajuntar els dos llits. La Paulina, sense exhibir-se, va aparèixer amb naturalitat, amb una sola peça: les calcetes.

Quan es van despertar, ja no eren a temps d'esmorzar. Feia hores que el sol espetegava sobre els cossos vençuts. Si s'afanyaven a dutxar-se, encara podrien dinar alguna cosa amb dues esgarrapades. En dos dies van menjar poc. Van passejar una mica, van baixar una estona a la platja, al capvespre, a sucar els peus a l'aigua i, sobretot, van estendre moltes vegades les tovalloles al balcó que donava al garatge, de grava, de l'Hotel de França. En els dies dropos, la Gina va descobrir que un cos, als quaranta, té una musculatura i una pell i fins i tot una olor diferent del que havia tastat fins aleshores. El Mark va descobrir que a la jove Paulina, tan silenciosa en els orgasmes, li agradava més donar que rebre. Ja li estava bé. A ell —ella no sabia si era una exclusiva dels homes gal·lesos— també li agradava més rebre que donar.

Al tercer dia, mentre el Mark roncava a cor què vols, la Gina va decidir que ja en tenia prou. No volia que l'escapada a Salou es convertís en un viatge de nuvis. Va pensar en la porta giratòria, va témer els lligams amb un desconegut, va sospitar que la rutina es podria deixatar durant quinze dies... I, per ser sincera amb ella mateixa, estava cansada de dir-se Paulina. No li agradava gens, el nom de la seva mare. Va despertar el Mark i li va dir que, després d'esmorzar, se'n tornaria a casa. Ell no hi va posar cap pega. Es van dutxar junts, van fer l'amor per última vegada i, després d'esmorzar, es van acomiadar al vestíbul d'un hotel que, al capdavall, defensava les dues estrelles amb dignitat.

—Mark, t'he de dir una cosa... I jura'm que no t'enfadaràs.

El gal·lès va alçar les celles. A la recepció, això sí, es tornaven a respirar els calamars. Però a quina refotuda hora es posen a fregir? De bon matí?

—Ara me'n vaig, agafo el tren i me'n torno a Barcelona. En el camí del tren pensaré en aquests dos dies, en el que hem rigut i el que hem fet. Ha estat maco, però ha estat un divertiment que hem de deixar aquí. Millor que ho matem així. No em busquis. No ho vulguem saber tot l'un de l'altre. Amb el que sabem ja n'hi ha prou. Conserva la targeta, si vols, però no m'idealitzis ni a mi ni el nom. Les coses passen i ja està.

—No hem de donar explicacions a ningú, vam quedar...

—Oblida'm i sigues feliç, sents?

—*I promise*... —El conductor d'autobús va alçar la mà dels quatre dits com si jurés la constitució americana.

La Gina se li va abraçar i li va fer un últim morreig, sorollós. El Sultán, endropit, va aixecar un ull. El va tornar a cloure i va continuar amb el morro a terra, confortat per una rajola fresca.

—Te'n tornes a casa els pares? —Ho preguntava amb un to informatiu, com si, certament, no li sabés greu que la Paulina se n'anés.

—No. Me'n vaig al pis on em vas dur els paquets. M'instal·lo a Sants, amb tres amics de la facultat. Espero que ens vagi bé. T'he dit que estudio història de l'art?

—Tan dolguda estàs amb els pares?

—No. Amb el pare, en tot cas. Ha estat una excusa per... Jo no tinc mare. No t'ho havia dit?

—Ho sento —el gal·lès va treure un peu de la galleda.

—No passa res. Ho veus com està bé que no ens ho hàgim pogut explicar tot? Es va morir quan jo era petita.

—No ho sabia. Vaja... Com es deia?

De cop i volta, la Gina va notar que el cor li bategava a cent vint pulsacions per minut. Va dissimular la cremor del moment i, sense moure una parpella, li va ensenyar al Mark Granger el millor somriure que mai ningú no li havia dedicat. Tot seguit, abans de tocar el dos cap a l'estació, va decidir embolicar la troca.

—Com jo. Paulina.

6. Amb un tub de cervesa a la mà

—Hola. Sóc la Sara. Vaig marxar a segon de BUP. Estic soltera i, de moment, sense ganes de deixar-ho d'estar. Tinc una papereria que els meus pares van obrir a tocar del mercat del Putxet i no sé què més puc dir? Que canto en una coral de barri tres nits a la setmana i ens ho passem molt bé?

—Alfred Sicilia. M'adono, veient-vos, que han passat tots aquests anys i tots heu fet moltes coses i jo continuo igual. Continuo tenint un gos, que ja no és el mateix, esclar, continuo sent de l'Espanyol, què passa?, continuo vivint a la Riera de Sant Miquel i continuo estiuejant a Blanes.

—I el secret, Sicilia?

—Un secret? —S'ho va rumiar un moment—. No sé si ho hauria de dir, però... el meu fill gran juga als infantils del Barça.

Sopars d'exalumnes. Primer fan mandra. Després, també. Quan hi ets, però, la nyonya tendeix a evaporar-se.

—Res d'especial, jo. —La Mia, la més xerraire del curs, no necessitava presentació—. Em vaig casar a Lloret, amb el Toni, que era un amic de tota la vida. Tenim dos fills, de nou i sis, que els porto aquí mateix perquè, encara que dir-ho no sigui gaire popular, jo tenia un bon record de l'escola. O sigui que cada dia em mamo els embussos de les nou i de les cinc. A la nostra època no hi havia la ronda de Dalt, ni tots aquests problemes de trànsit, ni per aparcar o per deixar el cotxe un moment en doble fila, ni al matí ni a la tarda.

—Ni els de la grua posant-se les botes... —va cridar algú des de sota del pi més ufanós. Els altres dos havien perdut tremp.

—Entre embús i embús, treballo en una gestoria. Ja us ho he dit, res d'especial.

Ningú no explicava els seus petits èxits, irrisoris. En el correu electrònic de la convocatòria, a més de demanar els quaranta euros per cap —menú i barra lliure de copes—, de posar el número de compte corrent per pagar a l'avançada i de suggerir vestit de nit, hi havia una postdata que, d'entrada, tots van trobar la mar de divertida. Per tal de posar-nos al dia de com ens havia anat la vida als uns i als altres, calia que tothom es presentés i confessés algun secret de la seva vida. Arribat el moment, però, ni tothom ho feia, ni tots tenien gràcia.

—Em vaig casar als vint-i-nou. Aquell matí,

abans de vestir-me amb el jaqué i tota l'hòstia, em vaig voler pesar. Més ben dit, per ser exactes, ja que aquesta és una nit de confessions, primer em vaig fer l'última palla de solter i després vaig pujar a la bàscula, per aquest ordre. —Tothom va riure i el va aplaudir—. Volia poder dir, al cap d'uns anys, que jo quan em vaig casar pesava... Doncs jo pesava cent cinc. Em vaig divorciar, cinc anys després, amb cent divuit. Amb la felicitat de tornar a estar sol i cuinar ràpid i les pizzes congelades i els fideus de microones, vaig arribar a pesar cent trenta-quatre, i aleshores, quan em van dir que tenia tots els factors de risc, el tabac, el colesterol, l'obesitat i la polla, em vaig fer el que, sobretot, no heu de fer mai sota cap pretext: l'operació del bypass gàstric. M'he aprimat, sí, a la força, però mireu, ara em sobra pell per tot arreu i això no és vida.

L'Òscar es va asseure a taula i tots els antics companys de curs el van tornar a aplaudir.

—Fem noi, noia, que serà més divertit.

—Un de cada.

—A qui li toca?

—És igual, al final haurem de parlar tots —va dir la Gina, que, als trenta-vuit, s'assemblava molt a les fotos que havia vist de la seva mare a la seva edat.

Feia anys i panys que no es veien. Celebraven els vint anys rodons que havien acabat l'escola, i la Maria i l'Àxel, que s'havien mantingut en contacte i que eren dels que han nascut per organitzar mogudes, van muntar-ho tot. Van parlar amb l'escola, van llogar el càtering per al sopar, van trobar taules, cadires i tovalles de no se sap on i, com si fos un casament per a noranta convidats, ho van preparar tot al pati dels tres pins. Ja arremangats, també van encarregar un bon vespre, serè i suau, perquè les noies que anaven en tirants no agafessin una galipàndria de juny, que són les més traïdores. El Driki, empès pels companys de taula, es va aixecar amb un tub de cervesa a la mà.

—Es pot dir que jo he estat un avançat als temps. Vaig posar una agència de viatges i la gent va començar a comprar els bitllets i a reservar els hotels per internet. Vulgueu respondre *bravo, campione*.

—*Bravo, campione!*

—Aleshores vaig agafar una ganga: es traspassava una botiga de fotografia a l'Eixample. Bona situació, bona facturació... Els amos es jubilaven i m'ho vaig quedar. Al cap de sis mesos, van sortir les càmeres digitals i ningú més va entrar mai a revelar res, ni les fotos porques de l'amant. Vulgueu respondre...

—*Bravo, campione!* —tots, a cor.

—He pensat que aprofitaria aquest sopar per si algú de vosaltres es volia associar amb mi, perquè he tingut una idea que estic convençut que podria ser una bona inversió.

Tothom es va partir de riure amb les desventures del Driki. Continuava igual que sempre, sense un bri d'autocompassió, sent sempre el primer a riure's de la seva mala sort. Quan es va asseure, els companys de taula el masegaven agafant-lo per l'espatlla i llançant-li els tovallons al damunt.

—La Gina, ara li toca a la...

—No, primer la Maite, que parli abans la Maite, que si continua mamant, d'aquí una estona ja no podrà dir res.

—Moltes gràcies, enyorats imbècils. —La Maite va afusellar a qui li havia tirat la floreta i, després, va aixecar la mirada cap a la resta de taules, pati enllà—. Primer de tot deixeu-me dir que, en vint anys, els nois heu anat a menys, en general, i que les dones hem millorat, *olé* nosaltres. Ens hem cuidat i fotem més bona cara que vosaltres, que, francament, fa vint anys n'hi havia algun de molt mono i ara no valeu un duro. Pel que fa a mi... A la feina, no em puc queixar. Auxiliar de dentista, donar hores, obrir portes, omplir el gotet perquè glopegin i unes quantes higienes a la setmana. Però si avui es tractava de revelar algun secret... —Ningú no s'esperava que en un sopar festiu els tirarien gerres d'aigua freda—. Uf, jo en aquests anys... He perdut dues criatures. He tingut dos avortaments. Un de provocat, l'altre no. A vegades penso si no m'hagués tret el primer de sobre... Vull dir si el segon no va ser un càstig de dir no en vas voler un, que venia, doncs el segon te'l prendrem. Pel segon, que era una nena, ja estava de vuit mesos i, ara mateix, els metges no veuen que puguem tenir fills. Dit això, que ja veig que us ha tallat el rotllo, tinc dues preguntes. Una, algú creu que hi ha un déu tan macabre que fa aquestes coses, que ens dóna i ens pren, que ens regala o que ens castiga? I segona i més important, algú dels presents ha adoptat un nen d'Armènia i em pot explicar com funciona tot el procés quan s'arriba allà?

Els de la seva taula van ser els primers a aixecar-se a aplaudir la Maite. De seguida la vuitantena llarga de companys corejaven el seu nom, fent voleiar el tovalló de fil com una bufanda. Ella es va desplomar sobre la cadira i no va poder aturar les llàgrimes que, a raig, queien sobre la maleïda pinassa que es ficava dins de les sabates de totes les companyes de curs.

—Ara em toca a mi. —El Biel, a poc a poc, ajudant-se amb les mans com un director d'orquestra amateur, va anar fent seure i callar tothom, conscient que havia de variar el caire dramàtic, tràgic fins i tot, que podia agafar el sopar de la nostàlgia—. Jo visc a Londres, des de fa set anys, faig d'advocat en un bufet on som cinquanta corbates i ni una sola noia. I sí, he vingut expressament per a aquest sopar.

El van aplaudir. Tot i que ja havia aconseguit remuntar la situació, encara calia engrescar més el personal.

—He vingut expressament perquè em feia il·lusió veure-us. A tots. I a totes. Però de manera molt especial a una persona. Una companya vostra, que fa vint anys era una noia, i que ara veig que és una dona guapíssima i, llegiu-me bé els llavis, una noia que va tenir l'honor de desvirgar-me al llit de casa seva.

—Uau —el Soler va ser el primer a saltar.

—Qui és? —cridava l'Edu.

—Segur que és la... —i aquí el Mec anava dient la corrua de noms de noia que veia a la festa, a qui l'encerta l'endevina...

—La Gina, segur que va ser la Gina... —El Driki, que sabia alguna cosa, esvalotava el galliner.

—Si ella no ho vol, jo no en diré el nom. —El Biel, modest, volent-se fer pregar.

—A veure, per al·lusions. —La Gina es va aixecar, davant del rebombori general. Al cap d'un minut de gatzara, rialles i ovació, quan es van haver calmat, hi va tornar—. Reconeguem que el Biel era, ja en aquella època, el més lleig de la classe i li vaig voler fer un favor perquè si no, avui, i tòtil com era, encara no s'hauria estrenat. Diguem que va ser...

—Un favor!

—Calla, Driki.

—Una obra de caritat —va disparar la Gina, que havia hagut de passar a l'atac, sense vergonya.

—Oenagé, oenagé, oenagé. —Tots els companys van començar a picar de mans, rítmicament.

El Biel, que no havia millorat amb els anys, s'havia quedat dret. Mirava la Gina, enrioladament, i la va desafiar amb els riscos calculats. Ningú no volia afluixar en el duel que divertia tant els companys d'una escola amb nom de sant.

—Si ho expliques així, com si m'haguessis fet un favor, expliquem-ho tot.

—Expli-quem-ho-tot, expli-quem-ho-tot. —La platea, amb entusiasme, continuava picant de mans al compàs de les síl·labes.

—Jo vaig acabar sota el llit, en pilotes, perquè el seu pare va tornar a casa per sorpresa.

Els vells amics de curs es cargolaven per terra. La Gina també reia.

—No, no perdona —va reblar ella, feta i dreta—. Que quedi clar: tu vas acabar sortint de sota el llit, arrossegat pel meu pare, que et va treure de casa amb els calçotets a la mà.

—Cal-ço-tets-a-la-mà, cal-ço-tets-a-la-mà... —Tenien trenta-vuit anys, però uns quants semblava que continuessin ancorats als catorze. I vinga picar de mans i acompanyar-se amb el crit primari dels enzes.

Ningú no podia superar aquella confessió. I si en el sopar d'excompanys hi havia algú que tenia revelacions més sonades a fer, va saber mantenir el misteri per a ell mateix, fidel a la màxima infal·lible que, quan una cosa la saben dues persones, ja deixa de ser secreta.

El Biel, que havia estrenat un polo Lacoste negre per a l'ocasió, va buscar el moment de trobar la Gina només per a ell. No era fàcil. Amb la seva revelació s'havia convertit en la reina de la festa i tothom li volia preguntar què feia —anar tirant com tothom—, a què es dedicava —professora titular d'història de l'art a la Universitat de Barcelona—, si tenia fills —no—, si s'havia casat —tampoc—, si tenia parella —aquesta nit no, es va limitar a respondre—, com s'ho feia per conservar-se tan bé —el que no fa la genètica ho fa la VISA...

Quan la van deixar sola, ensumant la nit, mirant la ciutat, el Biel la va atacar per l'esquena. La Gina es va aventurar a parlar, abans de girar-se.

—Deixa que et faci dos petons. —Havia intuït qui seria—. Quin ciri que has muntat, Bielet dels pebrots.

La Gina va notar que el Biel feia olor de suat. El Biel trobava que la Gina havia triat el perfum més dolç de la festa. L'home, que arribaria als quaranta sense un pèl al cap, va començar la conversa amb una fórmula especial, per posar-la a prova.

—Mai no oblidaré la primera vegada que em vaig fixar en tu.

—L'últim dia que em vas dir això vam acabar follant. Avui no t'il·lusionis, que no tindràs tanta sort.

—No t'estava tirant els trastos, però...

—I a sota del meu llit, ara ja no hi cabries. —La Gina li va clavar els dos ulls a la panxota. Anava a tocar-l'hi, però no va gosar. Va pensar en la ràbia que li faria que algú tingués collons de tocar-li la seva, per més pla que tingués el ventre.

—Tampoc estic perquè el teu pare jugui a arrencar cebes amb mi. Això és veritat. Ja no podria arrossegar-me.

Van riure. La Gina el va tornar a abraçar i li va fer un petó a la galta. Un de sorollós. El Biel aspirava el cigarret i en treia el fum amb repetició, finament. La Gina, sense dir-l'hi, li agraïa que girés la cara per no destorbar-la amb el fum.

—Encara és viu?

—No t'entenc.

—El teu pare...

—Ah, sí, sí, i tant. Té una família nova, nen. A mi, a la meva edat, m'han sortit dos germanets molt monos, de vuit i sis anys. Tenen una mala llet còsmica. No tenen un pare, tenen un avi que els deixa fer de tot, que els malcria tot el dia, i té dos dictadors a casa que no hi ha qui hi posi els peus... Tot plegat, si es veiés amb els meus ulls, patètic. Però si ell és feliç...

—I el veus feliç?

La Gina no va saber què respondre. Tampoc al Biel li interessava la seva pregunta.

—Tu vius a Londres, has dit?

—Als rodals. A vint-i-cinc minuts de metro, però treballo a Fleet Street, a la City, saps el carrer dels diaris? A prop de Saint Paul's Cathedral, on es van casar la Lady Di i el dels pàmpols.

—Fa temps que no hi vaig. Jo sóc més de París. De fet, hi he anat bastant sovint, a París. Tinc una història, nen... Estic reconstruint un trencaclosques de deu mil peces de la meva mare.

La Gina es va adonar de la cara de sorpresa —de deu mil peces?— del Biel.

—Era una manera de dir.

—La teva mare era aficionada als puzles?

—No, no, què va, vaja, no ho sé... Estic intentant refer la vida de la meva mare. Episodis concrets. Moments vitals. Em vaig trobar que no en sabia gairebé res, que en tenia pocs records i dispersos i que, a sobre, tenia un buit de coneixement sobre la meva mare que no em deixava avançar. I, què carai, que necessitava conèixer-la. Era una obsessió. És. Com si em calgués saber com era ella, com vivia ella, com pensava per poder-me acceptar jo. Passa'm un piti.

—Tu fumes?

—Ara sí. —En veure els ulls sorpresos del Biel, la Gina va haver de donar explicacions—. Què passa? Em ve de gust, la nit s'ho val i t'he d'explicar la història més... més no sé què, intrigant, colpidora, il·lusionant que hagis sentit mai. Encara no sé si és un thriller o un conte de fades. El que estic descobrint de la meva mare, no m'ho puc creure. Tens una estona?

—Dona, si m'ho vens així...

—T'adverteixo, però, que no sé com acaba i potser m'hauràs d'ajudar. Per això et dic que estic enmig d'un mar de peces del trencaclosques que estic intentant reconstruir. Tinc peces per aquí i per allà...

—I a París, pel que em dius... Seiem?

Van tornar a una de les taules arrasades pel sopar. Muntanyes de tovallons desplegats, una espelma que s'anava morint i, per tot arreu, tassetes brutes de cafè i copes de vi a mig beure, amb algunes marques de pintallavis. Els companys de classe havien anat desfilant cap al pati vermell atrets per la barra lliure, el DJ i tres bafles que sonaven massa fort fins i tot per als morts del cementiri de davant de l'escola. Al pati dels tres pins ja gairebé no hi quedava ningú. Es van asseure en dues cadires plegables, el Biel va acostar-se un cendrer i la Gina —quin descans— es va treure les sabates d'agulla. El pessigolleig de la pinassa a les plantes li va semblar, en l'instant de posar els peus a terra, refrescant.

—La meva mare tenia una cosina a París, a prop de París, vaja, a Croissy-sur-Seine. El Sena és, perquè m'entenguis, com el Tàmesi a Londres.

—Que ets burra...

—De petites eren inseparables. Totes dues, la Paulina i la Júlia, eren filles úniques i, per tant, ja t'ho pots imaginar, més que cosines era com si fossin germanes. Per estalviar, perquè ni els uns ni els altres no anaven gaire sobrats, les dues famílies estiuejaven juntes. Llogaven una caseta a Sant Pol, i les dues nenes passaven el dia l'una al damunt de l'altra. Anaven juntes a la platja, o a jugar a gomes al poble, o feien deures a l'eixida, que, pel que m'han dit, a la tarda hi tocava l'ombra i era el lloc més fresc de can Botey. Anaven tan a l'hora que, a vegades, jugaven a sincronitzar-se la respiració. De fet, dormien a la mateixa habitació, i un estiu la mare i un altre la Júlia, dormien al costat de la finestra, on hi havia el matalàs més cobejat. De més gran, la meva mare no estava gaire pels estudis i la seva cosina era una fletxa. La

Júlia va guanyar una beca, se'n va anar a estudiar a la Sorbona i allà va conèixer l'Alain, un estudiant de filosofia cepat com un sant Pau, i es van enamorar i es van casar i es van quedar a viure a París...

—A no-sé-quantos-sur-Seine.

—A Croissy, exacte. No cal dir que la meva mare va anar al casament. No només hi va anar, sinó que la Júlia va voler que fos la seva padrina. Aquests dies he vist l'àlbum del casament de l'Alain i la Júlia i la mare surt en tot de fotos, tota radiant, amb els nuvis, sense els nuvis, amb el ram... La meva mare era guapíssima. Com jo, però molt més.

Van tornar a riure, amb la franquesa dels amics d'escola, dels que fa vint anys que no es veuen i s'entenen, encara, amb una mirada.

—L'Alain i la Julie, que és com li deien allà, van tenir dues filles. Les meves cosines. De fet, la Fabienne i la Laurence són les meves cosines segones, però, com que aquesta família som tan pocs, no estem per anar buscant tres peus al gat en el grau de parentiu. Ara fa sis mesos, just després de festes, un matí a primera hora em truca la Fabienne plorant i em diu que la seva mare s'ha mort d'un infart al jardí de casa seva, mentre empeltava uns geranis. Ho deixo tot, suspenc les classes a la uni i me'n vaig a París a fer costat a les meves cosines franceses. Un drama. Bé, com a tot arreu i a totes les famílies, quan es mor algú que no li toca. I pitjor encara si és de cop. Vull dir que res que ho fes especialment trist o especialment tràgic o diferent del tràngol que passa tothom i que t'has d'aguantar, ja m'entens. Arribo allà, i l'Alain fotut, esclar. Ensorrat en un sofà que no hi havia manera que reaccionés. Imagina't un filòsof que, de cop i volta, es queda sense respostes. La Fabi i la Laurence fetes pols, també. Però, vaja, fem l'enterrament, laic, amb una dona que va parlar molt bé i uns músics als quals els vam buscar la partitura de l'*Emigrant* per a trio de corda i que la van tocar com van poder, i em vaig quedar dos dies a casa d'elles per fer-los companyia. En el meu últim matí, quan la Fabi ja s'havia demanat festa per acompanyar-me a l'aeroport, va estar remenant l'armari de la seva mare per fer piles de roba per donar, agrupant sabates per llençar i endreçant tot de capses, de barrets, de... Tot molt francès, per entendre'ns, entre pretensiós i passat de moda. Unes coses que jo no em posaria mai, vaja. I allà, a l'armari de les coses de la tieta Julie, de dins d'una capsa quadrada de color beix que la meva cosina va dir que no havia vist mai, en va treure un grapat de papers i va començar a remenar. Mirava, llegia, regirava i anava classificant els papers al damunt del llit. I de cop i volta em diu, Gina, no ho entenc. Això no és de la meva mare sinó de la teva. Ella em parlava en francès i marcava molt els possessius, però tot i així em va semblar que no l'havia acabat d'entendre i li dic, perdó? I, del mig dels papers, em treu tres cartes, sense remitent, que anaven adreçades a la Julie Homs, número 2 de la *rue* no sé què de Croissy-sur-Seine, amb un encapçalament, sota el mata-segells, que deia, entre parèntesis, *À l'attention de Mme. Paulina Homs*, o sigui, la meva mare. N'hi havia dues d'obertes i una de tancada. Com si no l'hagués mirada mai ningú. No cal dir que vaig obrir les cartes, que em vaig trasbalsar, que a l'avió de tornada me les vaig llegir no sé quantes vegades més i que des de llavors, i ja han passat uns quants mesos, només faig que intentar reconstruir què significa tot allò i qui era en realitat la meva mare. No sé si dir-te, Biel, que m'agradaria que un dia vinguessis a casa a donar un cop d'ull a aquestes cartes a veure si tu hi trobes alguna altra pista.

—Per mi, encantat. —S'havia quedat curt. Ell, si podia estar a la vora de la Gina, encantadíssim—. Encara vius al pis d'estudiants?

—No, ara visc en un pis de professors, si et sembla. —La Gina es va aixecar, amb l'empenta que li recordaven els companys de classe—. Anem a ballar?

—Tu balla. Jo faré un gintònic.

7. De tots els llibres, un

—Ja t'hi acompanyaré.

—A París?

—A l'aeroport.

Per un moment, la Paulina es va espantar. Li hauria encantat que el seu marit l'acompanyés al casament de la seva cosina, però en l'instant del malentès, que no va durar gaire, li va caure el món a sobre. Era molt estrany que un home tossut com ell, de cop i volta, s'hi hagués repensat. I ella ja feia un grapat de setmanes —potser un parell de mesos i tot, així que van rebre la invitació formal— que li havia comunicat a la Julie que, lamentant-ho amb tota l'ànima, el Manuel no hi podria assistir, que eren dies de molta feina, que havia de preparar la fira anual de Düsseldorf i que, en quatre jornades, s'hi jugava la facturació de la venda de barnilles per a eixugaparabrises de tot l'any. Perquè tu vas en cotxe i comença a ploure, i engegues l'eixugaparabrises i no penses, en aquell moment, que algú ha fabricat aquelles dues pinces i que, a dintre, hi ha una barnilla que aguanta el ball compassat de les escombretes. I com més cotxes es venen, més eixugaparabrises es fabriquen i, automàticament, les màquines del Manuel han de començar a perbocar barnilles d'acer inoxidable en tres torns de vuit hores. Canvien els operaris, sí, però les màquines no s'aturen. Li havia engegat tots aquests romanços a la Júlia, per telèfon, per excusar el seu marit, i ara, a vint-i-quatre hores del casament, no li podia trucar i dir perdona estimada que, al final, també vindrà el Manuel, que s'ho ha pogut muntar i els de la Seat i els de la Renault, que tenen els de la cadena de producció plegats de braços perquè estan esperant el lliurament de les barnilles, que es facin fotre. No li podia canviar els plans, tan arran de núpcies, perquè li constava que la seva cosina —núvia abnegada i patidora— s'havia trencat la closca fent taules, jugant amb tota mena d'equilibris, aïllant incògnites i tenint en compte tantes variables que hauria necessitat una fórmula matemàtica per quadrar-ho tot: aquests són família de l'un, els d'aquí no es poden veure amb els d'allà, els tal són del negoci de la competència dels qual, aquesta és una filla de puta que no la pot veure ningú però el *monsieur* no ha tingut collons d'esborrar-la de la llista de convidats. I, per complicar encara més l'operació, amb un nuvi francès i ella sent estrangera a París, hi havia un condicionant idiomàtic cabdal que calia tenir en compte a l'hora de muntar taules de deu. La Paulina estava convençuda que, s'hi s'hagués presentat a l'església amb el seu marit, a la Júlia fins i tot li hauria fet il·lusió veure'l i, en un tres i no res, li hauria sabut trobar un lloc a taula. Però el Manuel, des que va obrir el sobre de la invitació i va saber que la Júlia i l'Alain es casarien el 12 de juny de 1981 i farien el tiberi al Bois de Vincennes, no va tenir cap intenció d'escapar-se a París tants dies com li proposava la seva dona. La Paulina, manyaga, amb el negligé que aconseguia impossibles, se li havia assegut al reposabraços de la butaca de les seves migdiades.

—Per a un casori, quatre dies?

—És la meva cosina. No puc anar-hi, dir delaguard i tornar. I menys, a París...

—Tres dies d'aparadors, com si ho veiés...

—De botigues ja hi sé anar sola. Ja m'hi he acostumat, però, home, al casament...

—Fes el que vulguis, però a mi no m'emboliquis.

—La Júlia és com si fos una germana...

—Doncs vés-hi tu sola —va desar la participació de l'Alain i la Julie dins del sobre—, però no facis morros.

Tant de bo que el Manuel l'acompanyés. Ella volia que els amics francesos de la Júlia, i la seva nova família, el coneguessin i diguessin quin paio tan interessant, el teu marit, i quina planta, i quin nas tan ben portat, amb quina personalitat... Però ell s'havia tancat en banda i la Paulina no volia enrabiars'hi. Sabia que els casaments, al seu marit, l'exasperaven. Rondinava per haver-se de posar les sabates dures; s'enrabiava perquè, enllustrades com les duia, se li empolsegaven abans d'arribar a la foto de la postureta dels collons amb els nuvis. Remugava per arribar-hi sense que ningú notés la suor de la camisa; per aparcar prop de l'església; pels aperitius —eterns— a peu dret; pels cambrers sapastres que servien el vi amb el regalim sobre les tovalles; per la temperatura del filet cremat per fora però fred per dins; per... A la vida no era així. El Manuel solia ser de bon conformar. Amb les seves coses, com tothom, però amb les dèries acotades. La Paulina —per dir-ho a l'engròs— no en tenia queixa. Però ja feia anys que convivien i sabia que, en un casament, el Manuel repotegava per tot des d'abans de sortir de casa fins que, a l'ascensor, es treia les sabates dures. Potser sí que era millor que hi anés sola i que deixés la Gina —ara que amb els cinc anys fets ja els començava a semblar gran— a casa amb el Manuel. O sigui, amb la Isabel, que si convenia aquells dies es quedaria a dormir. El pis de l'Eixample, antic i de sostres alts i cassetonats, tenia davant i darrere. El menjador donava a la rambla de Catalunya amb Còrsega, a tocar de la botiga de làmpares més gran de la ciutat. A darrere, amb vistes al pati interior, hi havia les habitacions del matrimoni i la de la Gina. La Isabel, que tenia la instrucció de passar cada dia l'aspirador perquè la nena encara jugava molt per terra, estava convençuda que el pis, llarg com era, tenia, pel cap baix, unes quaranta habitacions. I una d'elles, una de les tres úniques que no tenia claror natural, era la seva. L'havien adobat amb un llit, un armari-mirall i un pòster d'oliveres de Jaén —paisatge d'infantesa— perquè s'hi pogués quedar la minyona, en casos com aquest.

—Que la duguis a l'escola i que vinguis a sopar a casa. No et demano més. Així la Gina et veu una mica i estàs per ella, perquè cinc dies sense mi no els ha passat mai. Prou que l'enyoraré jo, que com a mínim ella...

—Cinc dies, per la mort de Déu. Ni que fossin cinc mesos...

—Per l'amor de Déu. No és per la mort, és amor. T'ho he dit moltes vegades...

—I tu què saps? Ets filòloga, ara?

—No és qüestió de llengua. Manu. És mera filosofia. Com vols que mori Déu, si no existeix?

La Paulina ignorava, aquell vespre, que Nietzsche havia escrit una frase que, temps a venir, es convertiria en un aforisme que alimentaria polèmiques abrandades: «Déu ha mort», havia sentenciat, i tothom vinga a discutir. El Manuel va acalar el cap, sense més ganes de tirar-se pedretes. Sabia que, si continuava esvalotant les aigües profundes del matrimoni, hauria remogut una discussió que no podia endevinar on desembocaria. I a casa, tanmateix, eren civilitzats en els gestos i les paraules. Superaven, amb nota, la prova del forat del pany. S'estimaven. Es respectaven. I feien l'amor dues vegades al mes. En el millor dels casos, tres. A l'un i a l'altre ja els anava bé. A vegades ho provocava ell; de tant en tant era la Pau qui es ficava al llit sense pijama i l'esperava, tapada amb el llençol, per fer-li una sorpresa. Tampoc és que ho comptessin. Però tots dos coincidien, alguna vegada que n'havien parlat, que d'ençà del naixement de la petita Georgina els hàbits i les ganes i el cansament i tot plegat...

—Com ens deu veure a nosaltres, la gent, pel forat del pany? —li va preguntar la Paulina al Manuel, poc temps després de començar a sortir.

—No ho sé...

—No has pensat mai en la gent que coneixes, en les parelles d'amics dels teus pares, com són a casa seva? Al carrer, a les botigues, tothom té una cara; però com és la gent quan ningú no la veu? Quines sorpreses ens enduríem si els veiéssim pel forat del pany?

El Manuel no havia jugat mai a aventurar vides com sí que feia la Paulina. A partir d'aquell moment, però, hi va participar a la força. La Pau es convertiria en la seva dona i el joc del forat del pany va entrar a la família, com el parxís o les dames. El Romero —deia la Paulina referint-se al veí del primer segona—, si el veiéssim pel forat del pany estic convençuda que no seria tan sol·lícit com sembla. Si miréssim pel forat del pany de l'Aparicio, el cap de fàbrica de tota la vida, em sembla que li descobriríem algun costat fosc. No sé si li agraden els homes, les dones o què. I nosaltres, pel forat del pany, com es deuen creure que som? La pregunta sempre la feia la Paulina.

—Bé. Normals. —La resposta sempre la donava el Manuel, sense immutar-se—. Una família tranquil·la.

Les notícies, a casa dels Castro Homs, mai donaven per a grans titulars. El matí que el Manuel va sortir del lavabo sense bigoti, havia estat un esdeveniment i en van fer plat durant setmanes. Decidir si les vacances les feien a can Morros de Torredembarra o si ficaven el cotxe dins d'un ferri i es plantaven a Menorca, a un hotel davant del mar a cala Galdana, s'anava covant sense pressa. Amb l'habitació de la Gina passava el mateix. Ara que li canviaven els mobles de bebè per la decoració de nena de cinc anys, la Paulina decidia i el Manu, d'esma, hi donava el vistiplau després de mirar els plànols per sobre i el pressupost amb deteniment. Si a la Pau li semblava bé, però, ell no hi podia afegir gaire res.

Els sentiments, temperats, també els havien aconseguit ensinistrar. Les il·lusions justes. El drama, escàs. Més petons que llàgrimes, però no gaire de res. I una mica de tot. I una mica de joc i una mica d'humor. I l'absència de por, que ja és molt. Qui els mirés pel forat del pany no hauria vist mai ni un cop de porta, ni un mecagontot, ni un intent d'assassinat o, per dir-ho en paraules menys sanguinàries, ni unes ganes irrefrenables d'engegar-ho tot a rodar. Rampells sí, esclar, com a tot arreu. Però ni tan sols un daltabaix profund que els obligués a plantejar-se què estaven fent amb la seva vida o a preguntar-se, del 0 al 10, en quin punt de felicitat es trobaven. Per damunt del 6, que és la mitjana de felicitat nacional? O s'havien instal·lat en la mitjana mateixa? Com que no volien saber les respostes, ja no es feien les preguntes.

Potser no hi havia castells de focs, però tampoc no hi havia incendis. I al Manuel Castro i a la Paulina Homs ja els estava bé. Cadascú tenia els seus espais. Cada dimecres la Pau sortia amb les amigues a veure alguna exposició i, després, se n'anaven a dinar sense pressa, a un bon restaurant, per trencar la setmana. Aquell dia, la Isabel, que també s'havia hagut d'immergir en les rutines familiars, sabia que havia d'agafar un taxi i anar a l'escola a recollir la petita Gina amb el berenar a punt i la cantimplora d'aigua. El pòquer del Manuel dels dijous —ho sabien tots— era sagrat. Passés el que passés, des de feia una pila d'anys, des d'abans de casar-se, la partida amb els amics era intocable. Cada quatre setmanes, la trobada d'homes tocava a casa seva. La Paulina els ho deixava tot a punt —entrepans argentins de pa de motllo i el vi obert— i se n'anava a llegir a la seva habitació perquè ells poguessin fumar cigars i beure i apostar vint duros màxim per partida fins a dos quarts de dues de la matinada, l'hora que havia marcat el Manuel perquè les nits s'han fet per dormir.

—Què s'endurà a París, senyora? —li va preguntar la Isabel, que hauria tingut ganes d'obrir de bat a bat els armaris del vestidor de la Paulina i, si ella no fos tan rabassuda i la senyora tan alta, començar-se a emprovar els vestits i anar-se'n a una boda a París, una altra ciutat que ja sabia que no visitaria mai.

—Encara no ho sé, Isabel. Fa dies que hi rumio.

Fer i desfer. Construir i enderrocar. Créixer i escapçar. Un edifici, una planta, una relació. Una maleta, fins i tot. Que diferent que és fer la maleta abans de començar un viatge que a l'hora de tornar. A l'anada has de triar d'entre totes les teves pertinences. Entre les que arrossegues de tota la vida, les que has acumulat, les que et són útils, les que no ho són i les que no recordaves ni que tenies i apareixen, patapum, en l'instant més impensat. De tota la roba, aquesta. I de les ulleres i dels rellotges, aquests. I de les pomades, quines t'emportes? De tots els llibres, un. Triar-ne precisament un, aquest, és injust per als altres autors i les altres històries, que hauran de continuar esperant, a la prestatgeria, que els toqui el seu torn i que algú, estirant-los pel llom, els rescati del seu endropiment. Per anar a París va agafar *Los mares del sur*. El quadre de Gauguin de la coberta li va cridar l'atenció, recordava que l'any anterior havia guanyat el premi Planeta i el seu marit l'hi havia regalat, per Sant Jordi, convençut que li agradaven les novel·les de Vázquez Montalbán. La Paulina, però, no n'havia llegit mai cap del detectiu Carvalho i va trobar que era el moment de posar-lo, pla, entre el necesser i una rebeca de fil, per si de cas.

A la tornada, rai. Fer la maleta és un esternut. L'inventari és ràpid, que a les dotze et foten al carrer. Certifiques que no et deixes res al lavabo, a l'armari de l'habitació o als calaixos de sobre el minibar que, cada vegada que n'obres un, fa olor de fusta reconcentrada com si fes segles que no l'havia obert ningú. Arreplegues el pijama de dins dels llençols, ho entafores tot a dins de la maleta, sense ordre ni cura, i cap a casa falta gent. Els records ni s'empaqueten ni es facturen. Ni te'ls poden perdre els pòtols dels aeroports.

La Paulina va comptar les mudes de roba interior. Quatre jocs de sostenidors i calcetes. Cinc, per si de cas. I, aleshores, va començar per baix. Escollia la roba i l'anava deixant damunt del llit. La Isabel la volia ajudar a posar-ho dins de la maleta, però la senyora es va estimar més fer-ho sola, per no sentir-se controlada. Va tancar la porta de l'habitació i va continuar el ritual. Va triar les botes camperes de Daniel Carbocci i unes espardenyes caminadores de Castañer. A més, per al casament, s'havia comprat unes sabates de saló de mig taló, negres, de Ferragamo. Va tirar amunt. Uns texans per estrenar, de Calvin Klein, com els que havia vist a la Brooke Shields d'*El lago azul*. Esclar que a la pel·lícula representava que era una adolescent i la Paulina ja s'acostava rabiosament als trenta. Per combinar amb els texans, va agafar una samarreta blanca, una brusa de seda, amb llaçada, i un jersei mostassa, de punt, de Ferrer i Sentís. I un cinturó de cuir, ample, per posar-se per sobre de tot això. Amb els vestits s'hi va mirar encara més. A Groc, d'Antoni Miró, s'havia comprat un vestit geomètric, grandiloqüent. Les formes del patronatge, original i modern, quedaven matisades pels tons terrosos i naturals de la peça. Cada vegada que se l'havia posat —tres o quatre ocasions, a tot estirar— tothom li havia dit que estava tan guapa, tan elegant i tan esvelta. I era veritat. Ella mateixa ho reconeixia quan s'havia vist al mirall. Va triar, també, fermalls, arracades i polseres grosses, vistoses, que no passessin desapercebudes. Finalment, el més important. De l'armari, va despenjar el vestit jaqueta del casament. El va treure de la bossa, un instant, per mirar-lo per última vegada abans de posar-lo a la maleta. N'estava orgullosa, i no faria ombra a la seva cosina. La Suzie Lindberg, de la botiga d'Yves Saint-Laurent a la part orgullosa de la Diagonal, li havia fet a mida una americana *tailleur*, amb muscleres, de formes rectes, gairebé galàctiques, d'un blau elèctric que havia pensat que podia ser la sensació del casament de la Júlia. O agradaria molt o seria criticada a mitja veu. La faldilla, just per sota el genoll, li marcava malucs de nedadora i unes cames que es feien mirar.

—L'agafo jo!

Sonava el telèfon i va cridar perquè la Isabel la sentís. Va despenjar des de l'aparell de la seva tauleta de nit. El seu marit, a l'altra banda del fil, semblava atabalat a l'hora de donar explicacions.

—De debò que no passa res, Manuel. Me'n faig

el càrrec. Agafo un taxi per anar a l'aeroport i ja està. Vaig amb prou temps, i quan arribi al Prat ho poso tot en un carro per anar a facturar, perquè em sembla que tot el que estic arreplegant no m'hi cabrà en una sola maleta. Però tu no t'amoïnis, si tens feina. Ja ho entenc. De debò, tu fes la teva... Sí, home, ja ho sé que m'havies dit que m'acompanyaries, però no passa res, Manuel. Canvi de plans i ja està. Quan sigui a París, quan arribi a casa d'ells et truco. Tu no pateixis. Ja aniré trucant per parlar amb la Gina. Un petó. Sí. Jo també. Fins dimarts...

I el necesser, i el llibre del Montalbán i la rebeca per si de cas. Quan ja va tenir tota l'estesa sobre el llit —ai, que em deixava la camisa de dormir—, va decidir que s'enduria una capelina. A París, a la primavera, no hi ha dia que no caigui un ruixat. Segur que la Júlia —«núvia remullada, núvia mal follada»— resaria perquè divendres no plogués. Si més no al vespre, a La Fermette, a l'Île des Minimes, al Bois de Vincennes, on el centenar llarg de convidats haurien d'arribar amb una barcassa engalanada per a l'enllaç de l'Alain i la Julie. Per si de cas, a la terminal de sortides, la Paulina es compraria un paraigua plegable. L'últim que tenia se li havia mort en acte de servei.

8. Us he posat junts a la taula

L'habitació dels convidats donava al pati del darrere. La Paulina, amb les dues maletes obertes damunt del matalàs, va córrer la tela fina de les cortines. No volia que, mentre es vestia per al casament, la veiessin els veïns del davant, els Dugarry, que tenien una casa de maó vist, simètrica a la de la seva cosina. Planta baixa, primer pis, un cop de puny de golfes, jardí al davant —amb porxo per a un sol cotxe— i un pati més deixat, al darrere, on la Julie tenia la barbacoa, la llenya que dormia amuntegada fins a l'hivern i dues gandules traïdores, de les que si no encastes el paner al mig et poden fer anar de trompis a l'hora d'asseure-t'hi. Sense caure a terra, en l'última setmana la Julie s'hi havia estirat cada vegada que el sol treia el nas sobre Croissy-sur-Seine. Volia lluir una pell torradeta per al casori, per a la festa i, sobretot, per a les fotografies. Són fotos de les que queden, per a tota la vida i més enllà. Les miren els fills, les hereten els néts i, un dia, els besnéts s'aturen davant de la calaixera del passadís i diuen aquests del quadre em sembla que em van dir que eren els meus besavis, per part de mare, el dia del casament. A darrere el marc hi posa 12 de juny de 1981. Mira que moreneta que estava la iaia Júlia... Però de la iaia Júlia ja no en queda res. Ja fa anys que els cucs s'han atipat amb ella. Només queda la foto, la de la núvia bronzejada, radiant, en la seva hora sublim.

La Paulina també va tancar la porta. Entre pentinadores, planxadores, sastresses i maquilladores, sortia massa soroll de l'habitació de la Julie. I massa nervis. I no se'n volia encomanar. Ella ja hi havia passat cinc anys enrere, per tot aquell tràfec desmesurat. El Manuel Castro i la Paulina Homs, joves i enamorats, es van intercanviar les aliances a l'església de la Concepció de Barcelona i, des d'aquell vespre de maig, no se les havien tret. Van fer l'àpat de celebració a la Fonda España i van dormir en una suite a l'Hotel Oriente, a la Rambla, gràcies a un regal dels companys de timba de pòquer del nuvi. Dos dies més tard, en un cotxe que van estrenar amb el matrimoni, la Paulina i el Manuel es van plantar a Venècia per l'autopista de la boira, la que travessa Itàlia de ponent a llevant. Ni l'un ni l'altre no hi havien estat mai i, a pesar que tothom els havia advertit de la pudor que emanava dels canals, no van notar que n'hi hagués per tant.

La Paulina va sortir de la dutxa amb una tovallola

al cap. Primer nua, després amb calces i sostenidors, es va mirar al mirall com es contemplen les dones de vint-i-nou: buscant defectes on no n'hi ha.

Es va estar una bona estona per eixugar-se la melena amb l'assecador de mà, professional, que li va deixar la perruquera de la núvia, que havia arribat a casa amb tres maletes metàl·liques, atapeïdes d'estris de tota mena. Després, amb la traça d'haver-ho assajat moltes vegades, ella mateixa es va improvisar un monyo que li recollia la cabellera, mostrava un clatell net i l'estilitzava encara més. Potser també la feia una mica més gran, però ja hi jugava. Perquè no s'hi fessin sécs, la Paulina havia planxat el vestit que li havien dissenyat per a l'ocasió tan bon punt l'havia tret de la maleta, el mateix vespre de l'arribada a casa de la Júlia. Li agradava observar-lo, penjat com el tenia al tirador de l'armari-mirall de l'habitació de convidats.

Abans de posar-se'l, va obrir l'estoig de pintures de viatge. Es va fer els ulls, discrets, de nit, per remarcar la pupil·la turquesa. Per pintar-se els llavis, va triar el llapis vermell albergínia, que un dia és un dia i a París no em coneix ningú. Després, amb un mocador de paper, se'ls va torcar, per rebaixar-los un si és no és, per no marcar tots els gots i copes.

—Estàs molt guapa —li va dir la núvia, mentre el xòfer li obria la porta d'un Citroën de president de la República.

—Avui, de guapa, només n'hi ha una. No t'equivoquis.

—Em veus bé, sí? No vaig massa...? —La Júlia necessitava el vistiplau i una mica més de la seva cosina, sempre tan franca l'una amb l'altra.

—Ets la núvia més guapa de París. No pateixis. Em fa coseta, ser aquí...

La Júlia s'havia entossudit que la Paulina havia d'anar amb ella, en cotxe, fins a l'església. Només faltaria. Quina bestiesa haver d'anar-hi separades si totes dues anem al mateix lloc. No se'n parli més. El que no volia la Paulina, en dies de tants nervis, era fer anar malament a ningú. Si la Júlia ja ho havia decidit, si ho havia previst així, segur que hi havia donat mil voltes. No se'n parli més, doncs. En el trajecte de Croissy a París, assegudes al darrere del cotxe argentat de Mitterrand, les dues cosines van anar agafades de la mà. Amb prou feines es van dir res.

—En dies com avui... —va dir la núvia després de sospirar— trobo a faltar els que ja no hi són.

—No hi pensis.

—Ja. Però no és fàcil.

—No t'ho pots permetre... A veure si se t'escorrerà el rímel d'aquests ullassos que t'han fet.

—Massa pintada? —insegura.

—No, no, no. T'ho han fet de cine.

—Tu ho creus?

—I tant, Júlia, estàs espectacular.

—De debò?

—Que sí. Però prohibit emocionar-te. Avui passa-t'ho bé, és el teu dia.

—Ja.

—Sortirà tot bé. —La va mirar i li va prémer la mà, amb més força—. No pateixis, coi.

—Ara mateix tinc un mal de cap...

I van continuar mudes, garratibades, fins a dues cantonades de l'església de Fontenay-sous-Bois, on l'organista ja feia estona que tenia els dits sobre les tecles i no parava de mirar la porta, compulsivament. Tal com havien quedat, la Paulina va baixar del cotxe i va fer l'últim tram a peu. A l'hora en punt, va deixar que la núvia fes l'arribada en solitari dins del Citroën, que havien guarnit amb unes cintes a l'antena de la ràdio, als mànecs de les portes i als eixugaparabrises. La Paulina només va haver de caminar dues travessies. Abans de confondre's amb altres convidats del casament, va notar que els vianants la miraven. Potser pel blau elèctric, potser pel triangle d'un vestit ample de dalt i que s'anava estrenyent fins a la cintura. Era, segurament, el vestit més bonic que mai havia tingut. Les solapes i els punys negres, a joc amb les sabates i amb un únic botó gegant, també cridaven l'atenció de la gent del barri. Unes dones la fitaven amb enveja, d'altres li va semblar que amb admiració. Els homes li dedicaven una mirada més lasciva. A cada passa, l'autoestima anava a més. Amb una mà es va assegurar que no li prenguessin el bolso de Chanel, petit i rodó, que anava amb una cadena llarga massa fàcil d'estrebar. Feia temps que tenia ganes de tenir un vestit així i poder-lo lluir. I, sens dubte, havia trobat l'ocasió, la ciutat i el dia. Clavat. No sempre surt tan rodó. Ara, si havia de caminar gaire, pressentia que les sabates noves —un saló de mig taló— començarien a encetar-la, i s'havia oblidat de posar tirites al bolso.

La cerimònia va passar ràpid. Pel que acostumen a ser aquestes coses, ràpid. El capellà —un conegut de l'Alain que semblava que l'empaitessin— va anar per feina. No va haver-hi eucaristia, tot va anar rodat i van enllestir com si haguessin de buidar l'església de pressa i corrents per no desplaure als fidels de la missa de set. La Paulina, asseguda a segona fila, es va distreure mirant els sants, les voltes de la nau i els cantaires, que entre Gounod i Schubert es van treure una bona propina. La Julie semblava feliç, somreia, i de tant en tant es miraven ensucradament amb l'Alain, el seu marit, ara que ja ho podia dir amb totes les lletres. I, el que més preocupava la Paulina, la núvia no es va emocionar en cap moment.

A la sortida, uns caps de broma havien amagat el sol i s'havia girat un aire sec, de capvespre, que per uns moments va espantar les dones més escotades.

El Chalet de la Porte Jaune era un antic *relais* de caça, al mig del Bois de Vincennes, no gaire lluny de l'església, als rodals de París. Amb els anys, el casalot i els jardins feréstecs s'havien anat acostant a la ciutat i els hereus dels hereus, amb visió de negoci, havien decidit llogar els espais per a banquets i convencions. La Julie i l'Alain, després d'haver descartat una vintena de locals, o per massa rònecs o per massa grans o per massa antics o per massa lluny o per massa cars o per poc higiènics o per minimalistes en excés, havien optat, finalment, per La Fermette. El còctel de benvinguda el farien als jardins; l'àpat nupcial, en un saló justet per als cent vint convidats. Segons com ho decoressin podia semblar una casa de nines o la mansió d'un senador de Massachusetts. La Julie va triar, per al dia més important dels seus primers trenta anys, l'opció A.

Els convidats, de vint-i-un botons, s'arrengleraven en una cua per agafar la barcassa que, en dos minuts de recorregut, arribava al restaurant de La Fermette després d'espantar ànecs i cignes per l'Île des Minimes.

Un cop dalt de la barca, la Paulina va quedar-se, dreta, a tocar d'una carota de fusta sense que ningú li digués que era el mascaró de proa. La Julie havia decorat tota l'embarcació amb centres de flors fresques, perquè als convidats no els semblés que els havien fet pujar en un vaixell d'un parc d'atraccions. El verd i el blanc de l'ornamentació predominava per tot arreu. Va observar els convidats que, com ella, s'havien contingut a l'església i es dirigien cap al tiberi, disposats a celebrar-ho amb tots els ets i uts. En les senyores manava el negre fins als peus o el vermell fins al genoll, i déu n'hi do dels tons de blau, tirant al seu, que veia d'allà estant. Moltes espatlles arrodonides, més tirants que paraula d'honor, més regatera insinuada que pitarram esvalotat. A part d'una que s'havia posat un paó al cap —que semblava més viu que mort—, hi comptava, a l'engròs, més lligadures que barrets i pameles, més cabells recollits que melena caiguda, més joia bona que quincalleria llampant. Entre els homes, no hi havia tant color ni tantes diferències. Ja fos en esmòquing o en vestit, imperava el negre de cap a peus i, sempre, al damunt d'una camisa blanca. Tan sols en la corbata o en el corbatí de llaç, a tot estirar, la fantasia havia tingut camp per córrer. N'hi havia un, això sí, amb una americana clara, atrevida també en les formes. Era l'home que, amb la pipa fumejant a la mà, mirava el paisatge com si fos el capità del vaixell mentre xiulava, com per a ell, les notes d'un sirtaki a càmera lenta. A l'església no l'havia vist. S'hi hauria fixat.

Així que els convidats posaven un peu a terra, començava el còctel. Un enfilall de cambrers els donaven la benvinguda amb un refresc i una patata souflé amb la data i els noms de l'Alain i la Julie.

Els nuvis no van ser els últims d'arribar. De Fontenay a La Fermette havien agafat una drecera i, quan els va semblar que tothom ja hi havia fet cap, van sortir de dins del restaurant, saludant a tort i a dret, repartint petons i rialles. Després de les fotografies, davant d'una fonteta cursi, la Júlia va tenir pressa per rescatar la seva cosina, a qui veia, com un estaquirot, sense relacionar-se amb ningú.

—Vine. T'he de presentar una persona. —Va agafar la cosina de la mà i la va estirar com dues amigues que juguen a fet i amagar al pati.

—És aquell?

—Ja et vaig dir que avui estaries entretinguda.

—No m'agraden, les sorpreses, Julie, per favor.

—T'ho vaig dir, o no? Vine, dona, que és molt simpàtic.

—Júlia, per favor... —Massa tard.

—Jean-Pierre, quina il·lusió que hagis pogut venir.

La núvia s'hi va llançar al coll i s'hi va abraçar més enllà de la cortesia. La Paulina havia intuït, a la perfecció, cap on s'estaven dirigint: cap a l'home de l'americana diferent. Encara s'havia quedat curta. Era, vista de prop, una peça de lli, blanca, desestructurada, sense butxaques, entallada a la cintura. Les costures de les solapes, a la vista, eren de fil vermell, com el cosit d'una pilota de beisbol. S'havia de tenir elegància, poca panxa i molta personalitat per dur una jaqueta tan singular i no semblar un simolses. La corbata tampoc passava desapercebuda. Era un plastró de piqué granatós que moria, amb un tall horitzontal, tres dits damunt del cinturó. La Paulina ja s'havia fixat, durant l'aperitiu, que l'amic de la Júlia fumava amb pipa i, per parlar, treia el broquet de les dents i l'agafava, amb la mà, per la base calenta de la cassoleta.

—Jean-Pierre, et presento la meva cosina de Barcelona. La Paulina. Em sembla que te n'he parlat alguna...

—Oh, Poline, molt de gust. —Ell es va acotar, lleugerament, per fer-li tres petons.

—Molt de gust. Pau, Paulina Homs —va emfasitzar la pronúncia correcta del seu nom. Al temps de l'escola, qui li deia Poline, per fer-li una gracieta, era afusellat sense judici ni pietat.

—Disculpa... Pauline —va remarcar la a i la u, amb ganes de disculpar-se sense ensumar el trauma d'infantesa—. Jean-Pierre Zanardi. Encantat.

—Jean-Pierre, no sé si el so de la erra el sabem fer prou bé, els que no som francesos. Jean-Pierre, Jean-Piegue...

—Ho has dit molt bé —va reblar la cosina, que, de seguida, ja estava petonejant uns altres amics que l'estiraven del braç. Abans que el remolí se l'emportés, encara va tenir temps de dir-los una cosa—: Us he posat junts a la taula. Sou els únics que em quedàveu penjats...

La Paulina va mirar el Jean-Pierre i, a l'instant, va abaixar els ulls, per timidesa.

—Estàs sola, doncs?

—No, no, que va... El meu marit s'ha quedat a Barcelona, tenia molta feina i... I algú s'havia de quedar amb la nena.

—Oh, tens una filla, tu, tan jove?

El paparra, va pensar la Paulina. La meva cosina ja m'ha encolomat el separat que abans de sopar ja comença a tirar la canya. O potser només intentava ser amable amb una estrangera que, tenia raó la Julie, estava penjada.

—Sí. Una nena, de cinc anys. La Gina. —Va donar-ne detalls, com a escut de protecció—. I tu?

—Jo no. No tinc fills, no. *Célibataire*... Com es diu en la teva llengua?

—Solter.

—Solter, sí. No em sortia. I ja m'hi quedaré, em sembla.

—Això no es pot dir mai, home... —Va mirar al voltant—. Està bé el lloc, *n'est-ce pas*?

—Sí. Jo tampoc hi havia estat mai. Quan vaig llegir a la participació que era al Bois de Vincennes, vaig pensar, ai... I no, no. I s'hi nota la mà de la Julie, tots els detalls, tot pensat, tot ben muntat...

—Ets de la Julie o de la part de l'Alain, tu?

—No, no, de la Julie. Som amics, uf, de fa una pila d'anys. —Va tornar la pipa a la boca i va agafar dues copes de xampany d'un cambrer que passava amb la safata plena. N'hi va oferir una a la Paulina—. A la salut dels nuvis!

—Pels nuvis!

Van fer dringar les copes.

—Eh, eh, Pauline, aquí, a França, per brindar *il faut* mirar als ulls.

Potser només volia ser atent, sociable, però l'entrada era... Van tornar a brindar.

—Pels nuvis.

—Pels nuvis. Ara sí que val. —Va fer un glop,

alçant la copa pel peu—. Quina llàstima que no puguin marxar ara de lluna de mel...

—L'Alain no té vacances. Fins a l'agost no en té. Però vaja, per anar a Califòrnia, val la pena esperar.

—A Califòrnia, carai, no ho sabia... Quin viatge!

—Hi has estat?

—Sí, sí, m'encanta viatjar. Així que puc, m'escapo. De fet, m'ho he muntat per ser avui aquí perquè, si no fos pel casament, ara hauria de ser a Hèlsinki.

—Viatges per feina?

La Paulina donava conversa per parlar amb algú. No li interessaven les respostes d'aquell home més gran que ella, ben plantat, amb un esguard atractiu però que, de totes passades, es volia fer notar. De prop, els dos ordits feien més evident el relleu de la corbata. No n'havia vist mai cap com aquella.

—Per feina, per plaer. Tot és el mateix. Tinc la sort que treballo del que m'agrada. La meva feina és el meu hobby.

—Que bé. —I a mi què?, va pensar.

—Em dedico al món de l'art.

—Ets artista, tu? —El modelet de l'americana li començava a quadrar amb el personatge.

—Oh, no, no. —El Jean-Pierre, en riure, va ensenyar les dents ben endreçades—. Tinc... Tinc, queda molt pedant dir-ho així, tinc, tinc... És una galeria d'art. Compro i venc quadres. Faig exposicions, viatjo per això, per conèixer pintors, per tancar tractes, per portar obra... T'estàs gaires dies per aquí?

—Jo? —I tu què n'has de fer, cregut?

—Perquè, penso, no ho sé, penso que t'agradarà veure la galeria. És allà, a la rue de Seine, al costat del riu, segur que hi has passat mil cops.

—No ho...

—Un carrer estret, amb galeries d'art i d'antiguitats, una a tocar de l'altra... Saps l'església de Saint-Germain-des-Prés?

—No ho sé. Conec París, però habitualment em guia la Julie. No sóc de retenir els... —Va deixar la copa, a mig beure, sobre un taulell amb d'altres culs de xampany—. Em sembla que volen que anem cap a seure.

—L'aperitiu, suculent, no trobes?

La Paulina no va respondre, sorpresa com estava perquè l'home de la pipa li havia posat la mà a l'espatlla, per fer-la passar cap a la taula de les orquídies. Va arrufar el nas. La Julie havia volgut que, en lloc d'un número, cada taula rodona, de vuit persones, dugués el nom d'una planta o d'una flor que li agradés. Algú li havia dit que una orquídia, en una boda, significava cinquanta-cinc anys de matrimoni.

El Jean-Pierre, més o menys, coneixia les altres tres parelles que els havien tocat a la taula i va presentar la Pauline Homs, mirant de pronunciar bé el nom i el cognom i reblant-ho, sempre, amb *la cousine de Barcelone*. Va semblar que tothom n'havia sentit parlar. Les dones —semblaven sinceres, tot i ser parisenques— la van felicitar per l'elegància del vestit.

—Ben triat.

—Tan rossa, t'afavoreix molt...

—Yves Saint-Laurent, *n'est-ce pas*.

El Jean-Pierre, aleshores, també es va voler afegir a l'elogi. Massa tard. Per dir-li que aquella forma geomètrica tenia alguna cosa cubista o futurista o... no calia. La Júlia havia tingut cura que la Paulina quedés asseguda amb vistes a la taula presidencial. De tant en tant, es miraven i es picaven l'ullet, o s'enviaven algun senyal de complicitat per dir, tot va bé, el menjar està per llepar-se'n els dits, tot està sortint com et mereixes. Durant el sopar, la parella improvisada de la Paulina no va callar. Semblava que la resta de la taula se li'n fotés i no parava d'explicar-li coses, una rere l'altra. Potser no ho sabia tot, però tot el que sabia ho explicava.

—T'ha agradat la cançó de Schubert que han cantat a l'església?

—Era de Schubert?

—La segona, sí. Saps quantes cançons va compondre Schubert?

—No, no...

—Més de sis-centes. Però és que, no t'ho perdis, es va morir als trenta-un anys. I ja n'havia compost sis-centes a més a més de... uf... —Incomptables, va fer amb unes mans proporcionades. La Paulina no es fiava dels homes amb les mans petites—. A mi m'agrada molt Schubert. Cada cançó seva de *La bella molinera* és una gota de mel. I el pobre va morir sense cap mena d'èxit, sense un ral a la butxaca i sense haver arribat a estrenar mai cap de les seves òperes ni de les obres per a orquestra. Que bèstia, la vida.

—Sí, sí. I injusta.

—Nosaltres fa dos-cents anys que estem extasiats amb la seva música i ell va morir pobre de solemnitat i sense saber que, pels segles dels segles, seria un dels compositors més tocats i més aplaudits. Saps de què va morir?

—Schubert, dius?

—Sí.

—És un examen?

—No, no... Per favor, Pauline... —Per res del món volia que s'ofengués.

—Es va suïcidar?

—No, no. De sífilis. Als trenta-un, de sífilis.

—Vaja...

—Schubert era un romàntic. Un final coherent per a un romàntic com ell, morir jove, morir de sífilis. Ell mateix tenia un concepte curiós de la seva obra. Quan desitjava cantar a l'amor, es transformava en dolor. Quan volia cantar al dolor, el públic ho transformava en amor. Ell mateix va fer el millor diagnòstic de les seves cançons. Això que va dir és clavat, exacte. *La bella molinera* són vint cançons. Comença amb un jove que camina pel costat del rierol, travessa els camps i arriba al molí, i què passa? Que s'enamora d'una molinera rossa i guapa. *Die schöne Müllerin*. Són cançons d'amor, delicades, alegres, plenes de felicitat. I com deia Schubert, volia fer un tema d'amor i se li'n va cap al dolor.

—La molinera no en vol saber res?

—La molinera, d'entrada li fa cas, tenen una relació, sí, però és una relació ambigua, i aviat el deixa per un caçador. És un caçador més fet i dret, i porta un vestit verd que enamora. I el jove, que se sent abandonat, s'obsessiona més i més, fins que acaba tenint una fantasia sobre una tomba on neixen flors per simbolitzar l'amor etern cap a la bella molinera. I llavors, aquí ja som a la cançó divuit o dinou, el jove es desespera, es capbussa al rierol i es mata.

—Ho veus com sí que al final sempre n'hi ha un que se suïcida?

—No ho trobes fascinant, Pauline?

Sense que ningú li'n donés permís, ja li havia afrancesat el nom. Començava a tenir una idea de qui era aquest Jean-Pierre Zanardi, potser quinze anys més gran que ella. Un home amb tacte, palica i món. Perillós. Molt perillós. Un solter acostumat, d'entrada, a impressionar, per l'art i per la conversa, però que després, quan arribes a pujar al seu pis perquè et perjura que serà només una última copa, t'adones que a casa hi fa fred, que no té ni un pa a la post i que envellirà malament.

Acabat el sopar, l'Alain i la Julie es van aixecar i van tallar el pastís de sis pisos amb l'espasa de samurai. Abans de tastar-lo, van declarar inaugurat el ball amb un vals de Strauss que no era el de sempre, ni el vals, ni l'Strauss.

—Estem envoltats per la cultura —va dir-li el Jean-Pierre a cau d'orella, per esquivar els aplaudiments cap als nuvis— i ens volen fer creure que la vida ens la marca la política.

No era, en cap cas, la vida de la Paulina. La política, per a ella, eren les tres notícies seguides que veia al Telediario quan el Manuel el mirava i para de comptar. El seu pare sí que comprava *La Vanguardia*, de tota la vida, bàsicament per fer el crucigrama havent dinat. En trenta anys com a subscriptor del diari, potser el va acabar quatre vegades sense esperar a veure la solució l'endemà.

—Ballem? —El Jean-Pierre li va parar la mà perquè la Paulina s'hi enganxés. Es van aixecar de la cadira i, agafats, van caminar fins a la pista. Hi van arribar quan el Paul McCartney de la banda, calb i rabassut, començava a cantar.

—T'agraden els Beatles?

—Aquesta sí. *Twist and shout.*

Van ballar i van cridar. Sobretot, va cridar el Jean-Pierre, desacomplexat. La Paulina encara no s'havia deixat anar. Ballava amb la timidesa dels qui volen passar desapercebuts. Mentre tothom aplaudia la banda, el Jean-Pierre va desaparèixer.

—Vinc *tout suite.*

Va tornar arremangant-se les mànigues de la camisa blanca, de fil, estreta. S'havia tret l'americana de beisbol, s'havia afluixat la corbata i s'havia descordat el primer botó.

—A punt per al rock-and-roll?

—En saps? —La Paulina temia no estar a l'altura. Encara que no la conegués ningú, es volia estalviar el ridícul.

—Segueix-me. Confia en mi.

L'Alain i la Julie ballaven *Don't be cruel.* Es notava que havien gastat moltes sabates. La resta de convidats que eren a la pista els van fer un espai per no trepitjar la cua de la núvia, que, a aquelles hores de la festa, ja començava a ennegrir-se de baix de tant arrossegar-se. L'Alain marcava els passos com un figurí. Posava, però, unes carotes excessives. Tan aviat xuclava les galtes com expulsava els ulls com si hagués vist un ovni. O, de cop, enrampat, encongia les espatlles i tirava el clatell endavant amb una gesticulació exagerada. Ballava, cantava i cridava entre ganyotes. Més d'un devia pensar que era l'alcohol. L'Alain, però, era així: professor seriós de filosofia a la Sorbonne de dilluns a divendres, es transmutava quan trepitjava una pista. La Júlia, balladora més ocasional, s'hi acabava de casar i, en principi, era per sempre. Tant l'un com l'altre havien dit que sí, en la salut i en la malaltia, fins que la mort ens converteixi la vida en drama i, passat el dol, en record. La Paulina vigilava els nuvis de reüll i es concentrava a seguir el Jean-Pierre, l'home que movia els peus amb habilitat, com si no fes res. Duia unes sabates negres, de cordons, ben enllustrades i amb una punxa tan afilada que si hagués donat una coça a un colom distret l'hauria rebentat. La banda en va enganxar una amb l'altra, sense deixar respirar a tota la pila de dansaires, cada cop més eixelebrats. *Hound Dog*, també de l'Elvis. El Jean-Pierre l'agafava de les dues mans, s'obria i la feia girar, amb naturalitat, com qui enrosca un espagueti, sense donar-hi importància. Tenia els pòmuls relaxats, marcava els passos amb una cella o en tenia prou alçant lleugerament la barbeta perquè ella entengués cap on s'havia de bellugar. Ballava sense esforç, cadenciosament. No li calia ajupir-se gaire per donar un aire distingit als seus moviments. La Paulina el seguia amb menys esforç del que es temia. S'ho passava bé. S'entenien en el ritme i en l'harmonia. De cop i volta, les mirades es van trobar, es van somriure, i aquell dandi de pa sucat amb oli ja no li va semblar tan vanat de si mateix. Portava pintada a la cara, això sí, una passió interna, dura i muda.

—Quaranta-quants has dit?

—L'edat no es pregunta. Però ja et dic que ara en necessito una de lenta. —Bufava i suava més del que hauria volgut.

—Et veig en forma...

—Tampoc cal enfotre-se'n. Mira...

La banda que la Julie i l'Alain havien llogat per al casament —un baix, dues guitarres elèctriques, una bateria i un cantant revingut— va tocar-ne una perquè agafessin aire. *There are worse things I could do.*

—Aquesta és de *Grease*. —La Paulina va reconèixer la lenta als primers acords—. Em va encantar la pel·lícula.

—A mi... T'ho puc dir?

—*Bien sûr.*

—No suporto el Travolta. —Se li va acostar per a una confessió a cau d'orella—. Es mou com el nuvi, així, massa desmanegat, no trobes?

El Jean-Pierre va imitar, amb gest petit, les maneres bellugadisses de l'Alain. Van riure. La Paulina, tot s'ha de dir, va trobar atractiu l'home que ho sabia tot de Schubert però que es movia amb l'Elvis.

—No despistis, Jean-Piegue. Balles o et rendeixes?

—No em coneixes. Gens. Rendir-me, jo?

Va ser la primera vegada que el Jean-Pierre va notar el pit de la Paulina, alegre i bella, sobre seu. Va ser la primera vegada, en molts anys, que l'olor d'una dona el sacsejava. I mira que ell mateix s'havia promès que mai més no... La Paulina, a mesura que avançava la cançó, hauria reclinat el cap sobre la seva espatlla, com qui no vol la cosa, per complicitat, per fer-li saber que ella també hi estava a gust. Però se'n va estar, per si de cas.

Acabada la lenta de *Grease*, el Jean-Pierre la va sorprendre amb un petó, càndid i ràpid, a l'Île des Minimes. Una gosadia. Llavi contra llavi. Una declaració d'intencions.

9. Com si no hi hagués més món al seu voltant

El taxista de Croissy-sur-Seine coneixia París, els barris i les zones a l'engròs. Però no era un taxista de París. No n'era un especialista. Havent dinat, quan la clienta tocada i posada, amb el vestit jaqueta terrós, va pujar al cotxe i li va demanar que la dugués a la rue de Seine cantonada amb Visconti, al *VIème arrondissement*, va pensar que ja ho trobaria, que la rue de Seine la coneixia perfectament, que és la que surt del riu, a l'esquena de l'Institut de França i mena al boulevard Saint-Germain, a tocar de l'església. Sabia, fins i tot, que sent com és un carrer estret, d'un sol carril i encara gràcies, la direcció dels cotxes era de Saint-Germain a favor del riu. Però la rue de Visconti devia ser molt remenuda perquè ni tan sols l'havia sentit anomenar mai. Com que la clienta, estrangera, tampoc no semblava saber on anava, ell, amb la lògica entrenada per més de vint anys al volant que li permetia dissimular les llacunes de taxista rural, enfilaria la rue de Seine des del capdamunt i aniria baixant, a poc a poc, fins a trobar aquest carrer Visconti que l'encreués.

De tant en tant, la mirava pel retrovisor. Li va semblar que era una actriu. Una d'aquelles dones que no dubten del seu encant. Va preguntar a la dona de les arracades grosses, qui l'encerta l'endevina, si es dedicava al cinema. No, va respondre secament la Paulina. «Doncs la seva cara em sona molt», va tornar-hi el taxista de poble poc abans d'entrar a la ratera del perifèric de París, sempre gris i embussat. Ja no va contestar. Era una actriu de les que no volen conversa, va concloure el taxista, a qui li van passar, de cop, les ganes de ser amable. Bella però eixuta. La Paulina, inquieta com no es recordava a ella mateixa, no estava per orgues. I encara menys per fer petar la claca amb un desconegut que mastegava un francès que li costava d'entendre. La situació la neguitejava. S'havia començat a sentir incòmoda aquell mateix matí amb la pregunta que la Júlia li havia fet, en el seu primer dia de casada.

L'endemà de la festa, el sol havia trigat a treure el nas. Tots s'havien despertat molt tard. La Paulina havia esmorzat una mica de fruita i formatge, a la cuina, amb els nuvis acabats de llevar. Després havia trucat a casa. S'hi va posar la Isabel. Li va dir que no patís, que la Gina estava bé i que havia sortit amb el seu pare, a comprar els diaris i a rentar el cotxe. La Paulina havia calculat bé l'hora. Coneixia com ningú els costums i els horaris del seu marit. Els dissabtes dels Castro Homs eren més previsibles, encara, que els seus dies feiners.

—Li dic, senyora, que li truquin a casa de la seva cosina, quan tornin?

—No cal, Isabel. Digui-li al Manuel que el casament va anar molt bé, que va fer bo i que tot va sortir com la Júlia es mereixia que sortís...

—No voldrà parlar amb la Gina, senyora?

—Esclar, esclar... —La Paulina no suportava les segones intencions de la minyona, i menys encara el to que feia servir cada vegada que tirava la pedra i amagava la mà—. Faci-li un petó ben gros. Si no pot ser avui, ja parlaré demà amb ella. He de penjar, Isabel, que és conferència. Adéu, adéu.

Va deixar la minyona amb la paraula a la boca.

—Per nosaltres, no te n'estiguis. —L'Alain es va fer l'estirat amb el telèfon de casa de la família de la seva esposa.

—Em sap greu, són trucades cares...

La Paulina, després de penjar, va mantenir els dits sobre l'aparell, com si estigués més a la vora de la seva filla.

—Com està la Gina? —La Júlia, amb els cabells molls per la primera dutxa de casada, es va interessar per la petita de la família.

—Tot bé, diu la bruixa. —Va fer riure els nuvis—. Em sembla que no em troba a faltar gens, la

Gina... Que no m'enyora ningú, vaja. —I va reblar—: I qui menys, la Isabel, que en vint-i-quatre hores ja es deu haver fet la mestressa de la casa. Com si la veiés.

I de cop i volta, com qui no vol la cosa, com si s'ensumés un vesper a la vora, com si la seva cosina tingués un detector de perills emocionals, la Júlia li va fer una pregunta que, en unes altres circusmtàncies, hauria semblat una demanda qualsevol. La pregunta.

—Què faràs aquesta tarda?

Diana. Què li havia de dir, en aquell moment, a la seva estimada cosina? Era absurd no poder-li explicar la veritat. Al capdavall, havia estat ella qui li havia presentat el seu amic Jean-Pierre, qui els havia fet seure junts a taula, i tampoc no anava a veure'l amb cap intenció concreta. Havia estat un home amable, ella havia estat esquerpa, i tampoc era qüestió de fer-li un lleig si ell s'havia ofert a ensenyar-li la seva galeria d'art i el carrer dels antiquaris... Però li havia de dir a la Júlia amb qui passaria la tarda? I què? Quin mal feia per dir-l'hi? Però aleshores, per què no li sortia de fer-ho? Potser és que se sentia culpable, preventivament, de no sabia ben bé què? Potser la pregunta innocent de la Júlia, sense transcendència aparent, li havia fet obrir els ulls d'una realitat de la qual ella no s'havia volgut adonar: s'havia sentit bé amb el Jean-Pierre i tenia ganes de tornar-lo a veure. Aquestes eren dues veritats que no podia reprimir. Ganes de veure'l i prou. Però, si era així, per què no s'atrevia a dir-li a la Júlia, per a qui no tenia secrets, que havia quedat, sí, a partir de les quatre, a la seva galeria d'art? Per què se n'amagava? Si no estava en fals, per què se n'hi sentia?

—No et quedis a Croissy, dona —l'Alain encara amb ulls de son—. Aquí t'hi floriràs.

—Avorrir-me? No. Però potser sí, doncs, que baixaré a París. —Va fer com si ho rumiés sobre la marxa—. El dissabte a la tarda estan obertes les botigues?

—Sí. Depèn, vaja, ho he dit massa de pressa. On vols anar?

—Al centre. Potser cap a la Rive Gauche, havia pensat, Quartier Latin, darrere de...

—Tota aquesta zona, sí, i tant. Agafa un taxi, aquí a l'estació. —La Júlia, manefla, tenia tendència a organitzar la vida dels altres en un tres i no res—. Mira, ja et direm que et reculli, que aquí a Croissy, i encara menys en dissabte, no es troba taxi sempre que vols i, segons com, són una mica tronats. Estem a mitja horeta de París, però això no deixa de ser un poble...

—Per aquí no hi passa ni el Tour... —l'Alain, resignat.

—Doncs sí, faré això.

La Paulina s'havia tret un pes de sobre. Decididament, era millor no dir res i anar a la seva, amb discreció.

Visconti, primera sorpresa, va resultar ser l'arquitecte de la tomba de Napoleó I. Ho proclamava el rètol blau del carrer. Res a veure ni amb el cinema ni amb el neorealisme italià. La segona sorpresa va ser, per a la Paulina, molt més desagradable. Inquietant. La Galerie Anouk estava tancada. No hi havia llum, i tampoc semblava que hi hagués ningú a dins. Era al número 44 de la rue de Seine. La Galerie Anouk, sí. I passaven vint minuts de les quatre. No hi havia equivocació possible, però la botiga estava a les fosques i el Jean-Pierre, de totes totes, no hi era. Va tocar el timbre. Res *de rien*. Va esperar-se a la porta, però dos minuts després ningú no havia obert. Atabalada com estava, no es va adonar que a l'aparador hi havia un quadre que duia un tros de diari estripat i encolat. A sota del collage de Le Corbusier hi havia unes lletres, enganxades a la porta de vidre, «*Un quart d'heure avant la fin du monde*». La galeria havia de ser aquella. Va tornar a mirar-ne el nom. Galerie Anouk, escrit amb una lletra blanca, de pal, fina, elegant, modernista. És aquí, això segur. O no ho vaig entendre bé, o se n'ha oblidat, o li ha passat alguna cosa. O, pitjor encara, m'ha aixecat la camisa. Però no hauria dit mai que el Jean-Pierre fos dels homes que...

La Paulina va mirar lluny, cap a un costat i l'altre del carrer. Feia massa calor perquè hi passegés ningú. Quatre turistes que, amb una guia oberta a la mà, s'aturaven de tant en tant davant d'algun aparador. El carrer, gairebé a dos quarts de cinc d'un dissabte de juny, semblava mort. Amb tan poca gent, potser el Jean-Pierre havia decidit no obrir la galeria i no havia tingut manera d'avisar-la. Potser no... I en aquell moment d'incertesa mal païda, quan s'havia donat cinc minuts més de marge abans d'aturar un taxi i anar a plorar, per burra, a un racó de la ciutat on no l'esperés ningú, on no la veiés ni la seva ombra, a la Paulina li va semblar que, de fons, sentia xiular el Jean-Pierre. Va girar sobre si mateixa, però no el veia enlloc. Va tornar a mirar a dins de la galeria. I tampoc. Va ser a través del reflex del vidre que el va intuir —silueta difuminada— apareixent enmig d'un munt de caixes de fruita de la botiga que hi havia davant per davant de l'Anouk. El Jean-Pierre, que havia canviat la pipa per una poma, sortia com si res, sense pressa. Amb els cabells acabats de pentinar, amb la camisa blanca arremangada i la corbata lilosa, encara el va trobar més atractiu que el dia abans. La claror de dia li afavoria la pell torrada del front i dels braços.

—El millor quadre del carrer és aquesta estesa de caixes de fruita. T'hi has fixat, quin color, quina disposició? Si trobes una obra d'art millor en tot el carrer, te la compro...

—Tot bé?

La Paulina va entendre que el Jean-Pierre, tan ample, no es pensava disculpar. Fet i fet, semblava que ni tan sols s'havia adonat que ella tenia la vaga sensació que l'havien plantat. Ell va travessar tan tranquil i, mentre li feia dos petons, es va treure el clauer de la butxaca.

—Tot bé. I tant que sí. Massa. M'he llevat tan tard i amb un mal de cap... No tenia la sensació que haguéssim begut tant, ahir. He dit, saps què?, he demanat a l'Alfred, el meu ajudant ocasional que viu aquí al damunt, que obrís tot sol, i jo m'he quedat al llit fins a l'hora de dinar, m'he dutxat i he vingut. En vols?

—No, gràcies.

La veritat és que la pell de la poma, no... Tampoc era qüestió, d'entrada, d'explicar com n'era, de llepafils, i començar a confessar defectes setze hores després d'un petó furtiu. El Jean-Pierre va introduir la clau al pany i va obrir.

—Benvinguda a l'Anouk 44, el meu paradís. Aquesta és la meva cova, el meu refugi —va encendre els llums, per fases, des de darrere el taulell— i la meva vida. Voilà!

—Que bonic.

El terra vell, de fusta envernissada, eren antigues travesses de tren que s'havien anat guerxant amb els anys. El reflex dels focus sobre les llargues tires de fusta donava brillantor i amplitud a un espai marcat per tres columnes de ferro, pintades de blanc, que assenyalaven el camí de la galeria. Totes les parets eren també d'un blanc grec, mediterrani, i si es jutjava per l'olor, potser no feia gaires dies que hi havien passat la brotxa. Les obres d'art, ben separades l'una de l'altra, encara lluïen més sobre un fons tan clar.

—T'agrada?

—És preciós, Jean-Pierre. He fet bé de venir.

—Molt auster, molt simple. És tot el que veus, no hi ha més...

—Molt al teu aire.

—Aquest taulell, un chester per mirar el Vasarely i, al fons, una rebotiga que és magatzem, despatxet, mig lavabo i mig cuina. Vull dir, un fogó per poder fer un cafè. En vols un?

—No, no, ara no...

—Té. Seu i mira-te'l bé.

El Jean-Pierre l'havia agafat per les dues espatlles i, gairebé, l'havia empès sobre el chester individual, de pell gastada, que tenia encarat a un hexàgon verd i blanc del Vasarely. No era més gran que una pantalla de televisió.

—No treguis la vista del quadre. Mira'l fixament.

—Em vols hipnotitzar?

—Mira'l fixament, sense pressa —el Jean Pierre va xiuxiuejar—, en silenci...

La Paulina va anar abaixant les parpelles, com si volgués enfocar. Veia hexàgons verds i blancs que anaven i venien per tot arreu.

—Puc dir una cosa?

—Que et mareges?

—Una mica, com ho saps?

—A tu t'agradarà més aquest... Arronsa els peus. Alerta.

El Jean-Pierre, sense que la Paulina s'hagués pogut alçar de la butaca, la va arrossegar pel respatller, columnes enllà, i la va deixar a deu pams d'un altre quadre. A veure aquest què tal...

—És Andy Warhol?

—Els llavis de Marilyn. Sabia que t'agradaria...

—Qui ho diu?

—T'ho he notat.

—Caram. Saps quan em marejo, notes el que m'agrada... Sí que em coneixes.

—Més que tu a mi.

—Mi-te'l ell, quins fums.

La Paulina, instintivament, li va tocar la mà i li va despentinar els pèls del damunt de les venes. Quan ho va haver fet, va adonar-se que no sabia si podia... Li feia l'efecte que havien tornat alguns capítols enrere, on ho havien deixat la nit abans, i ara no sabia en quin episodi es trobaven. El Jean-Pierre l'havia rebut amb dos petons, freds, fraternals —a la galta!—, i en canvi aleshores, asseguda davant d'aquells llavis acolorits, a ell no li va importar que li acariciés la mà. No va fer cap carota, ni cap senyal de desaprovació. Al contrari. A què juga, avui, aquest seductor? És espontani, tot això, la poma i el chester, o forma part del muntatge del director d'escena que porta dibuixat a la cara? A la Paulina li calien pistes i no en tenia. Al Jean-Pierre li sobrava vitalitat. Quina mena de poma s'havia menjat?

—Tu per què creus que a la gent li agrada mirar un quadre?

—He vingut a París a un casament, no a fer un examen, suposo...

—A veure si hi estàs d'acord...

Al galerista no li interessava gaire la resposta de la Pauline. Semblava, més aviat, que necessitava dir la seva teoria, elaborada, rumiada, gens casual. Era, sí, una pregunta retòrica.

—Hi he pensat molt. N'he parlat molt amb experts en art i amb d'altres galeristes... Vivim en una època de molt soroll. Sí o no?

—Sí, sí. —Qualsevol li interrompia el soliloqui.

—La ràdio, la tele, les notícies. Missatges per totes bandes. Un bombardeig. Opinions, opinions, informacions. Un bombardeig constant. Cada dia, a totes hores. Al final ja no sabem si les coses les hem pensat nosaltres o som un eco de tantes coses que hem escoltat. Repetim allò que sentim. L'eco som nosaltres i no ens adonem que ens hem convertit en animals de repetició. —El Jean-Pierre es va desbotonar el coll de la camisa i es va afluixar la corbata, com si l'engavanyés—. Jo penso que l'art, estimada Pauline, ens pot ajudar en un punt clau: a tornar a deixar la persona en ella mateixa. L'art l'allunya del soroll aliè i l'ajuda a retrobar-se. Mires un quadre, t'hi passes una estona, i descobreixes el que tens a dins. A poc a poc descobreixes el que tens, el que penses i el que sents. Descobreixes qui ets i t'adones que, segurament, no hi ha res més interessant.

—Uau... I és per això que l'art ens emociona?

—És per això que hi ha gent a qui no li agrada mirar quadres, perquè intueix que no s'agradaria. El vidre del marc no és per protegir la pintura, és, segurament, per protegir-se d'ell mateix. És el propi escut. El seu propi escut.

Si el paó volia impressionar, ho havia aconseguit desplegant tot el seu plomall. Satisfet, es va encendre una pipa.

—Tot són obres variades, veig, el que hi tens per aquí. No hi ha dos quadres del mateix autor...

—De maig a setembre no faig cap exposició específica. Ja fa anys que m'ho organitzo així. Per als passavolants d'estiu, ho tinc comprovat, és millor fer una col·lectiva, un tutti-frutti de coloraines del fons de la galeria. Només tinc art contemporani, de la Gran Guerra cap aquí. Peces que m'he anat quedant de les exposicions, i ara no hi ha setmana que no entri algú i s'enamori d'un còmic del Lichtenstein, o de les proves del Christo abans d'embolicar el Pont Neuf, o de les planimetries del Vilacasas. A mi m'encanten aquestes ciutats vistes a vol d'ocell. O el de l'aparador, l'has vist? Un Le Corbusier de primera. T'has fixat quin collage? A l'aparador hi poso el que més m'agrada a mi. És com l'anunci de mi mateix cap al carrer. És una mica com sóc jo.

—Tu ets un collage?

—Qui no ho és?

—No, no l'havia vist. —La Paulina es va aixecar de la butaca, es va assegurar que duia el fermall del vestit ben col·locat i es va estirar la faldilla terrosa, de Groc, perquè li tornés just per sota del genoll—. Mentre t'esperava, que la veritat és que has trigat una mica i he estat a punt de marxar, he tingut temps de fixar-me, això sí, en les caixes de fruita, magnífica, de la botiga d'aquí al davant. Que ben parada, la fruita. El millor quadre del carrer. No l'havia vista mai, una cosa així...

—No em prenguis el pèl... Però és maco, o no, tenir una fruiteria així aquí al davant? I útil. Hi compro els kiwis, les pomes, i m'ho emporto cap a casa...

—Vius per aquí?

—No ben bé. És lluny, a l'altra banda del riu. Le Marais. S'hi pot anar a peu. Ho coneixes?

—Sí, però...

—No gaire.

—Algun dia m'hi havia dut la Julie, em sembla.

—Hi ha molta vida, també, t'agradarà. És a prop d'on pensen obrir el Museu Picasso.

—Perdona, però el Museu Picasso, el bo, sempre el tindrem a Barcelona.

—No pretendràs que fem una competició sobre això i que no se m'escapi el riure...

—Deixem-ho en empat?

—Ho discutim sopant?

—Ara?

—Aquí hi anem d'hora. T'ensenyo el barri, fem un tomb i sopem.

—I la galeria?

—Tu creus que entrarà algú? I, a més a més —va apagar els llums—, tinc permís de l'amo.

Van resseguir la rue de Seine gairebé sense veure el carrer, pendents com estaven l'un de l'altre. El Jean-Pierre, cicerone amb ganes d'agradar, explicava curiositats del barri que ella escoltava en silenci. Allà on la vorera es feia més estreta, va semblar-li que, sense voler, es fregaven les mans. Pell amb pell. I va tenir una esgarrifança. Van trencar per la rue de Buci, atapeïda de turistes asseguts a les terrasses amb ombra, i de seguida van ser al boulevard Saint-Germain.

—Saint-Germain-des-Prés és una de les esglésies més antigues de París, i Saint-Sulpice és la segona més gran de la ciutat, després de Notre-Dame. Segons com, de fora estant, sembla més gran i tot. És aquí mateix, Saint-Sulpice. Des d'aquí es pot veure com treu el nas.

La Paulina el va mirar, desafiadora.

—Quatre-centes passes.

—El què?

—D'aquí allà.

—De Saint-Germain a Saint-Sulpice?

—Porta a porta. Què t'hi jugues?

—El sopar d'avui.

—Fet —li va parar la mà—. Pagaràs tu, Jean-Pierre.

—Passes meves o passes teves? —Va encaixar, per segellar la juguesca.

—Són les mateixes. De porta a porta, quatre-centes passes normals.

—Més-menys deu.

—Això què és, peixet?

—Un petit marge d'error, dona. Qui diu quatre-centes diu tres-centes noranta o... Em sabria greu que m'haguessis de convidar.

—Gràcies, però no vull peixet. —Ferma, decidida—. D'aquí allà, quatre-centes passes. Porta a porta.

I així que el semàfor es va posar verd, la Paulina va començar a caminar i a comptar en veu baixa. El Jean-Pierre, al seu costat, comptava també per dins i mirava que les seves gambades fossin, matemàticament, de la mateixa llargària que les d'una Pauline que, més enllà d'una bellesa captivadora, tenia cops amagats. Un cop a Mabillon, van fer tot el carrer, de cap a cap, vorejant el mercat de Saint-Germain, que, a l'hora de la recollida, deixava una sentor d'aigua de peix i de flor marcida ben desagradable. Els vianants que els sortien al pas, aliens al repte entre amants, se sorprenien que aquella dona elegant, de mirada abstreta, anés comptant les camades gairebé d'una manera marcial. Anava pels tres-cents cinquanta i tot just arribaven al lateral de la nau. Encara havien de virar cap a la plaça i plantificar-se a la mateixa façana. De porta a porta, havia insistit a l'hora de pactar el reglament. El Jean-Pierre, que mai havia pensat que la Pauline s'hi pogués acostar, ni de lluny, començava a esbatanar els ulls. A vint metres de la meta, ella va començar a dosificar les passes amb astúcia. I, sense que el jutge pogués impugnar-ho, va arribar a clavar el quatre-cents a la darrera passa.

—*Et voilà!* —La Paulina no va poder reprimir el seu entusiasme.

—Sublim. *Brava!*

—Pagues tu el sopar...

—Com no podia ser d'una altra manera. —No se'n sabia avenir—. Però com t'ho has fet?

—No hi ha truc. I si n'hi ha, els mags diuen que no s'ha de dir...

—M'esperava moltes coses de tu, però, amb franquesa, aquesta exhibició m'ha deixat...

—No t'ho havia dit la meva cosina, que tinc coses de bruixa?

Saint-Sulpice era una església imponent, amb pretensions, desubicada. Si un llamp no n'hagués decapitat la cúpula, es diria que era una rèplica de Saint Paul, la catedral de Londres. La façana neoclàssica, les columnes imponents, la pedra blanca, la simetria... En això es va fixar la Paulina: la simetria es trencava al capdamunt, en les dues torres dels campanars, que també semblaven escapçades de manera desigual. Als peus de la façana, s'obria una gran plaça quadrada, sense trànsit, amb una dotzena d'acàcies tranquil·les i una font majestuosa que aguantava quatre cardenals de pedra, de panteó de cementiri, i que esguerrava la perspectiva. La Paulina no s'hi va acostar prou per adonar-se que l'escultura la signava Visconti, l'arquitecte que tan sols feia unes hores havia encaboriat el seu taxista.

—Quina tranquil·litat.

—París té això. T'allunyes dues cantonades i trobes racons de pau que sembla que no hagi trepitjat ningú abans.

—Potser és la gràcia de París.

—Potser, en el fons, és la gràcia de la vida.

La Paulina va voler que el Jean-Pierre li expliqués allò que li havia semblat entendre. Van deixar de contemplar l'església, de costat, com si fossin dos turistes, i es van encarar. Es van apropar i es van agafar de les mans a l'altura de les butxaques del pantaló del galerista.

—Deia que a vegades, potser, a la vida, t'has d'allunyar dels carrers per on passes sempre per adonar-te que hi ha altres camins que val la pena explorar.

—Ja...

Els brillaven els ulls. D'il·lusió i de sorpresa.

—Encara que no sàpigues on et duran.

La cara del Jean-Pierre se li acostava, a poc a poc.

—A vegades...

Ella no va fer res per esquivar-la.

—És la vida.

Va tancar els ulls i va deixar que arribés el que, en aquell moment, ja era inevitable. El petó. Apassionat i madur. Entregat, llarg i amb tots els gustos melats. S'abraçaven, s'estrenyien, s'agafaven la cara amb les dues mans, ara l'un ara l'altre, amb desfici.

Obrien els ulls i se somreien, complaguts per l'impensat, i hi tornaven, de seguida, a jugar amb els llavis i la llengua, com si fos el seu primer petó d'adolescents, com si no hi hagués més món al seu voltant. D'entre els sabors, la Paulina va descobrir, en segona instància, el perfum de tabac de pipa. Dolç, agradable, addictiu fins i tot. No havia besat mai un fumador de pipa, va pensar fugaçment. I va seguir de puntetes, penjada del coll del Jean-Pierre.

S'hi van estar una estona, a la plaça de Saint-Sulpice. L'església, però, ja no la van veure més. Després de dir-s'ho tot amb petons, per no verbalitzar res que a la llarga se'n poguessin penedir, van desfer, de bracet, el camí per la rue Bonaparte. No van comptar les passes. Haurien pogut comptar els batecs. El Jean-Pierre, tacte i *savoir faire*, ho decidia tot. Semblava l'home que mai no dubta.

—Soparem aquí. És un cafè amb història.

—Les Deux Magots —va llegir la Paulina sobre el tendal verd de la cantonada del bulevard amb la plaça de Saint-Germain—. Ja m'estranyava que tinguéssiu algun lloc sense història en aquest barri... Qui venia per aquí, Van Gogh?

—No em consta. Els surrealistes, em sembla. I diuen que Sartre hi va escriure no sé què.

—Fora o dins?

—Aquí estarem bé.

Un cambrer de bigoti trist els va acomodar en una tauleta rodona, amb dues cadires de vímet, totes dues mirant a la plaça. Un costum molt francès, aquest, que en comptes d'encarar els comensals, els fan seure de costat, mirant al carrer, com si les persones ja es tinguessin molt vistes i haguessin de contemplar, sisplau per força, un espectacle panoràmic. El carrer sempre és distret, però hi ha vegades que convé parlar amb algú, i amb les tauletes tan juntes, tan atapeïdes, només es poden dir obvietats. Totes aquestes observacions de la Paulina van ser rebatudes pel Jean-Pierre, punt per punt, amb arguments econòmics. Les terrasses de París tenen les taules disposades d'aquesta manera, una a tocar de l'altra, per tradició, perquè el client ja ho espera, perquè ja forma part del paisatge, però, sobretot, per amortitzar l'espai. Els cànons que han de pagar tots els establiments per tenir uns metres quadrats de terrassa al carrer són tan summament cars, han de pagar tants impostos i està tan regulat per la sangonera municipal, que o bé aprofiten l'espai... La Paulina ja s'havia distret. El Jean-Pierre ho explicava tot amb el mateix convenciment que semblava viure. Reconeixia, però, amb una humilitat que l'honorava, que tocava d'oïda, perquè els números no eren el seu fort i, en el fons, mai no s'havia entretingut a preguntar el perquè d'aquesta postal concreta de París. Quan parlava d'art, de pintura, de cultura, era tota una altra cosa. Aleshores sí que barrejava sensibilitat, seguretat i erudició. No feia ni un dia que estaven junts i la Paulina ja en podia donar fe.

—Aquest és un lloc d'ous. Truita, remenats, ferrats...

—Jo prendré una sopa de ceba i una cervesa. —Va alçar els ulls de la carta—. Què passa, em ve de gust, per què em mires així? Que no porta ou, la sopa de ceba?

—Al mes de juny, vols dir?

—Si és a la carta —la Paulina ho va assenyalar amb una ungla vermellíssima— no dec ser l'única que en menja...

El Jean-Pierre va demanar una truita de pernil i una altra cervesa. Van sopar veient passar la gent. La Paulina, de tant en tant, s'inventava les vides de les persones que circulaven pel seu davant, amb el caminar de dissabte al vespre, volàtil i desigual. Era un joc —divertit i barat— que, de més joves, solien practicar amb la Tatiana, la veïna de replà amb qui compartien edat i secrets. Les dues amigues s'asseien en un bar de Sarrià, a Barcelona, i els era igual estar-s'hi dues hores que tres. Amb una Coca-cola cadascuna, en tenien prou per anar decidint si la dona de les bosses del súper que els passava pels nassos era feliç, si el matrimoni que passejava sense dir-se res tenien o no tenien fills, si ell treballava a la banca, si ella tenia un amant. O dos... El Jean-Pierre es va quedar astorat per la imaginació de novel·lista de la Pauline. En un tres i no res muntava una Madame Bovary d'una vianant qualsevol que li semblava que sortia crepada de la perruqueria. O només de veure un noi estirant un basset d'orelles caigudes, ideava una pel·lícula on el jove era un artista que, per poder-se pagar l'estança a

París i els pinzells i els olis, cada tarda es guanyava un grapat de francs traient a passejar les mascotes de les iaies invàlides de la Rive Gauche.

Més enllà de la gent, ell li va fer notar que des de la terrassa de Les Deux Magots, la façana de Saint-Germain-des-Prés, a l'altre costat de la plaça, semblava una església de poble, irregular, austera, molt alsaciana. Quan la Paulina va haver jugat amb la vida dels altres, va gosar posar un peu a la del Jean-Pierre.

—Anouk, què vol dir? —li va deixar anar, amb ingenuïtat calculada.

—Res. És un nom. Com Jean-Pierre.

—És nom d'home?

—No... No ben bé. —De cop i volta, el Jean-Pierre no volia que un vespre inoblidable se li compliqués de forma inesperada—. És nom de dona, crec. No gaire comú.

—Puc preguntar, no sé si em fico on no em demanen, per què es diu Anouk, la teva galeria?

El Jean-Pierre va acalar el cap i va deixar la pipa sobre la taula. La Paulina va notar, per primera vegada, que l'home que havia conegut al casament de la Júlia i que li acabava de fer el petó de la seva vida trontollava discretament. Un cambrer, oportú, els va deixar sobre la taula el compte que ell havia demanat sense dir-ho. N'havia tingut prou alçant les celles i fregant dos dits.

—Tu sabies que el Marcello Mastroianni va viure a la rue de Seine?

—Estàs canviant de tema, descaradament, o només m'ho sembla a mi?... —De cop i volta, la Paulina es va adonar que, a la maleta del viatge, també hi havia posat la ironia, sempre útil com el raspall de dents.

—He pensat que t'interessaria, dona... Saps el Mastroianni? L'actor, vull dir...

—Sí, sí, esclar, digue'm —burleta, fent la interessada—. Quina és aquesta història tan apassionant?

—Res, doncs això, que he pensat que et faria gràcia saber que vivia a tocar de la galeria. Un italià com ell, va tenir un pis a París, se'l va comprar a la rue de Seine, i un dia va entrar a la galeria i va estar mirant quadres, sense pressa. Vaig parlar amb ell, un paio molt normal, molt educat, i es va interessar per un Pollock que...

—Trobo, segons com, que t'assembles al Mastroianni. Perdona, no és perquè l'hagis anomenat ara. Et prometo que ja ho vaig pensar ahir. No ho sé. Un aire. El riure, el nas, l'expressió dels ulls. La manera d'agafar la pipa. No ho sé. Potser la clenxa i els cabells així...

La Paulina va dibuixar el gest de passar-se la pinta, però no gaire: insinuant una entrada, marcant un tupè, estudiadament escabellat. El Jean-Pierre va mirar d'assemblar-s'hi, també, amb un somriure murri. I, seductor, va fer una veu d'home interessant, d'actor.

—No ets la primera que m'ho diu.

Van riure de gust.

—I t'han dit mai que ets un pavero rematat?

Va posar el cap sobre l'espatlla del Marcello per suavitzar les seves paraules, per si havien sonat massa dures. La Paulina notava que era un galtes, però un galtes irresistible. Quantes dones no es devien haver rendit abans a l'encant d'un home atractiu, elegant i *charmant* com ell. Quantes vegades no devia haver comptat les passes de Saint-Germain a Saint-Sulpice de bracet d'una turista o d'una altra lloca de galeria. Abans que la Paulina tornés sobre el nom de l'establiment, el Jean-Pierre va pretendre dissipar qualsevol núvol.

—I saps qui més va viure a la rue de Seine?

—A veure, qui?

—El D'Artagnan.

—Sí, home. —Va tornar a alçar el cap—. I tant, i ara em diràs que era un dijous rúfol quan també va entrar a la galeria, oi?

—No, no, perquè encara no l'havíem obert.

—Vinga, va... I el Peter Pan no ha vingut mai? Per qui m'has pres, xato?

—T'ho dic de debò.

El Jean-Pierre va agafar-la de la mà en notar, maleïda sensació, que la Pauline semblava que se n'estigués atipant. Una mica ridícula, segons com, sí que s'hi sentia enmig de tanta exhibició.

—El D'Artagnan va viu...

—Mira, maco, jo no he llegit *Els tres mosqueters*, d'acord, però tothom sap que això és una novel·la. El D'Artagnan és un personatge de l'Alexandre

Dumas. Es pronuncia així? Dumas, Dumàs... Com en dieu, vosaltres?

Un cambrer els va deixar el canvi sobre la taula.

—Tens tota la raó. El Dumas va escriure la novel·la, però el D'Artagnan va existir de carn i ossos. T'ho dic de veres. I el cardenal Richelieu, també. De fet, el D'Artagnan va ser un mosqueter gascó que es deia una cosa així com Charles de no sé què Castelmore, i que, a part de ser famós per fer filigranes amb l'espasa, solia freqüentar els salons literaris que hi havia al barri de Le Marais, al meu barri, vaja, i per això sé tota la història dels mosqueters grisos.

—... —Els ulls de mel de la Paulina no se n'acaben de refiar.

—Només he pensat que et faria gràcia saber que el D'Artagnan va viure aquí mateix, fa quatre-cents anys. I ja està.

—La veritat? No sé si creure-m'ho. Més ben dit, Jean-Pierre —carinyosament—, no sé si creure't.

—*Se non è vero, è ben trovato*, dieu els italians, oi?

—Com, els italians? Si jo sóc de Barcelona.

—Ah, sí...

Van riure, de nou. Potser pels nervis o perquè ell sabia com burxar-la, o perquè, segons com, semblava un penques de cap a peus, la Paulina es va adonar que, en un sol dia, havia rigut més que en moltes setmanes. Lluny d'espantar-se, li va agradar cerciorar-se'n.

—Anem o què? —Ell ja estava dret.

—Anem. Però me'n deus una. —Tots dos sabien

a què es referia—. O t'estimes més que ho pregunti a la meva cosina?

—Parles de la Julie?

—Parlava de l'Anouk.

El Jean-Pierre la va envoltar amb el braç i la va agafar per l'espatlla, per tornar cap al riu, xano-xano, per la rue des Beaux Arts. Havia refrescat.

—Anouk. T'ho explicaré jo, Pauline. T'ho voldré explicar jo. Però no avui, no aquesta nit, d'acord?

Van caminar una estona sense ferir el silenci. El dia, com ells dos, havia d'anar baixant les pulsacions. El Jean-Pierre no li va preguntar quantes passes hi havia fins al riu. La Paulina tampoc no ho hauria sabut. En la guia de París que havia llegit a l'avió —una guia verda—, només hi posava que de Saint-Germain a Saint-Sulpice hi havia, porta a porta, quatres-centes passes clavades. Cadascú amb els seus secrets. Els paradistes, a tocar del riu, ja recollien la seva estesa de revistes antigues, llibres empolsats —tres a preu de dos— i discos de vinil dels *chansonniers* per a turistes. Amb les durícies de cada vespre i sense deixar de remugar pel calaix del dia, ho ficaven en capses i ho anaven desant dins del gran cofre verd, de fusta pintada, que els servia de botiga a la intempèrie. Encabir-ho tot era una obra d'enginyeria. Després, ho barraven amb un cadenat de nyigui-nyogui, bona nit i fins demà. De tant en tant, en Jean-Pierre saludava algun venedor de carrer que coneixia del cafè de mig matí, a La Palette. Tenia el costum de tancar la galeria deu minuts i escapar-se a fer un cafetó al bar centenari —fusta per dins, heura per fora— que tenia a la mateixa rue de Seine. Amb la pipa a la boca, sense adonar-se'n, va començar a taral·lejar el tema que la Paulina ja li havia sentit.

—Sempre xiules el mateix, tu? Ja m'hi vaig fixar ahir, al casament.

—Un sirtaki, és veritat. M'agrada. Sembla música grega, oi?

—És música grega.

—No ben bé. És la banda sonora d'una pel·lícula, *Zorba el grec*. El Mikis Theodorakis ho va compondre expressament per a la pel·li i va muntar una coreografia tan potent que ha quedat. I ara sembla un ball tradicional, de taverna grega. Què passa, per què em mires així?

—També saps de cinema, tu?

—Jo no sé de res, Pau, però el poc que sé ho demostro. És un truc de venedor. Per entabanar, el que faci falta.

Era la primera vegada que algú, des del temps de l'escola, li deia Pau. Li va agradar. Paulina, sempre els ho havia retret als seus pares, era massa llarg.

—M'agrada ballar-lo, m'agrada marcar els passos i que es vagi accelerant. A poc a poc, a poc a poc, a poc a poc —va fer com si s'adormís— i, de cop i volta, ràpid, ràpid, ràpid fins a no poder més. A vegades, quan estic sol a la galeria, el ballo.

—No t'ho creus ni tu, Jean-Pierre.

—T'ho juro. El ballo i m'animo sol...

—O sigui, xiules i balles allà a la botiga. Apartes el chester, suposo, per no ensopegar... —La ironia salvadora, de nou, per agafar distància.

—Que no? Mira. —El Jean-Pierre va prémer la pipa entre les dents, va agafar la Pau per una mà i se la va posar sobre l'espatlla—. Segueix-me.

—Però...

—Fes tot el que faig jo... —Va decidir deixar la pipa, quina nosa per ballar, a la butxaca de l'americana.

—Jean-Pierre, no.

—Va, dona...

No va tenir opció. Posats en línia, enllaçats per les espatlles, el Jean-Pierre cantava en veu alta i marcava les passes. Un peu endavant, ara l'altre, de costat cap aquí, l'altre cap allà, cama amunt, flexió u, flexió dos, salta amb l'altre fins als dotze passos i volta i gira i cada vegada més de pressa. El Jean-Pierre s'animava sol, com més s'accelerava el ball, més alt cantava la tonada sense lletra. La Paulina, amb les sabates de saló de mig taló i les llambordes del moll, patia per no deslloriga-se un turmell. Com va poder, sense deixar de ballar, es va descalçar i, esbufegant i rient, va poder acabar la funció. Els van aplaudir. Una parella que sopava en una barcassa amarrada al moll a tocar de l'espectacle els va aplaudir i els va felicitar des de la coberta. Ni el Jean-Pierre ni la Paulina s'havien adonat que aquell matrimoni gran, a mitja tallada de meló, havien interromput l'àpat.

—Estic suant...

—Això és la sopa de ceba, dona...

—Sí, home, la sopa. Quina vergonya, Jean-Pierre. Tu no saps què és, oi, la vergonya?

La Paulina va recuperar les sabates i, per posar-se-les, va trobar un braç musculat del Jean-Pierre. Refets i amb les palpitacions a lloc, es van abraçar i van trobar l'única manera de parar de riure. Amb un petó. I un altre. Sense pressa.

—No dus el perfum d'ahir...

El Jean-Pierre tan sols volia semblar observador, detallista. La Paulina, però, va tenir una petita decepció. No es podia permetre que es notés el desengany.

—Del Chanel 5 no se'n pot abusar... No t'agrada el d'avui?

—M'encanta. —El galerista també es va afanyar a matisar-ho. No volia que semblés que...—. El perfum només és un adjectiu. A mi m'agrades tu...

La Paulina, passant-se la melena per darrere l'orella, va fer com si sentís ploure.

—La meva mare va trigar molts anys a tenir-ne una ampolleta i la valorava i la guardava com si fos una joia, fins al punt que se la posava una sola nit a l'any. Era el dia de l'aniversari de casament, que s'arreglava per anar a sopar fora amb el pare, a un bon restaurant, i aleshores destapava el seu perfum i se'n posava unes gotetes, així al coll. A mi m'agradava veure com s'arreglava, la mare. Davant del mirall, amb la porta del lavabo oberta. S'estirava les pestanyes, es pintava els ulls, es retocava els llavis i sempre sempre sempre, l'últim pas del ritual, amb el vestit ja posat, era posar-se el perfum. Se'n posava poc i amb cura, com si amb la prudència del gest fes més efecte. I a mi, saps aquelles coses de petit que et queden i no saps per què?, m'agradava l'olor de la mare en les nits que es posava el Chanel i sortia a sopar amb el pare, que abans també passava per casa per mudar-se, afaitar-se i posar-se la corbata. Era la seva nit i tota la casa feia una olor especial. Vaig pensar que pel casament de la meva cosina de l'ànima valia la pena... També per a mi era una ocasió especial, un bon dia per homenatjar la mare.

—I em sembla molt bé. Saps per què passa això?

—El què?

—Que recordem algunes coses molt concretes de la infantesa i n'esborrem tantíssimes d'altres.

—Perquè ens marca allò que ens impacta?

—Perquè, per bé o per mal, la memòria tria per nosaltres. Un moment, una conversa o una olor. Com ara mateix, potser.

—Com ara. Tu ho creus?

—Tu ho has dit. Marca allò que impacta. El record grava com un relleu de fusta allò que vols que quedi per sempre. D'altres vegades, segur que t'ha passat, t'aprens un número de telèfon per cinc minuts perquè no tens on apuntar-lo. Un esforç de memòria a molt curt termini, segons la necessitat, i després fora, a la paperera.

—La memòria s'entrena.

—I tant. Tinc un amic que s'hi guanya la vida. L'Antoine actua en un soterrani a la rue de Rivoli, no gaire lluny de casa. És una mena de bar, on fan màgia de prop i sessions de mentalisme i *jenesaispasquoi*. I ell, que és un home calb, amb barba blanca, panxeta, sense cap encant, es posa en una tarima que fa d'escenari i el públic li va dient paraules, una rere l'altra, sense solta ni volta... Fins a cent paraules seguides. I ell se les aprèn i, després, les torna a repetir...

—I les encerta?

—Gairebé mai.

Van riure a cor què vols. Refets de la broma, van continuar resseguint el riu amb les passes distretes, dels qui no saben on van.

—L'has de conèixer, l'Antoine Fernández, un personatge...

—Sóc aquí fins dimarts. —I ja som a dissabte, va pensar la Paulina.

De pont a pont, cinc rodamons, més pendents de l'hora que del calendari, començaven a preparar les caixes de cartró per delimitar les seves propietats. D'esma, ordenaven els seus embalums —la seva pàtria— per fer de matalàs. Anaven a la seva; no deien res als pocs passejants que encara aprofitaven l'última llum del capvespre. Ni tan sols els miraven. La Paulina tampoc desviava la vista, però es va arrapar al braç del Jean-Pierre i, sense dir-s'ho, van decidir que era l'hora de pujar els graons cap al

Pont des Arts. A quarts de deu, a finals de juny, l'edifici de l'Institut de França i la basílica de Mazarine, vistos des del pont, canvien de color. La pedra blanca, neta, va mutant cap a un torrat cada vegada més tènue, més lleuger, fins a semblar, amb l'últim resol, una casa rosada. Des del pont, cap al nord, el cel és l'espectacle que es fon per moments, segon a segon, contra rellotge. Gairebé, també, a contracor. És un gran teló, encès i roig, que va ennegrint sense pausa les siluetes del Grand Palais i el Petit Palais. La Torre Eiffel sempre és l'última a desaparèixer. Cap a l'altra banda, del pont estant, l'aigua s'espesseix fins al punt que, en aquella hora crepuscular, costa d'endevinar si va o si ve. I busques en les barques —com grinyolen les politges— o en un ànec desorientat un indici per saber si el riu puja o baixa. Cada vegada més quiet, la nit va engolint el Sena just allà on es bifurca, en l'angle triat per tants pintors de cavallet i aquarel·la que, abans que es difumini el dia, també recullen la paleta i el sarró. El Jean-Pierre, amb la pipa entre les dents, havia sabut triar el moment i l'escenari.

—Puges a casa?

La Paulina li va obrir l'americana i s'hi va posar dins, amb el cap sobre el pit del Jean-Pierre. No volia respondre. Però se'n va separar i se'l va mirar als ulls. Ell va girar lleugerament el cap per no destorbar-la amb la fumerola de la pipa. La resposta no va ser ni la que l'una volia donar ni la que l'altre volia sentir.

—Agafo un taxi, Jean-Pierre. És hora de tornar a Croissy.

—Un got de vi a casa...?

—No forcem les coses. Ha estat una nit magnífica.

—Tinc un blanc d'Anjou en fresc...

—Deixem-ho aquí.

—... per a una ocasió especial.

—Deixem-ho aquí. Sents?

—Ens veurem demà?

Va respirar fondo.

—Actua el teu amic? L'Antoine...

—En diumenge tanquen. Llàstima. Però t'he d'ensenyar el meu lloc preferit. No em pots dir que no. És vital que ho coneguis. Si mai em perdo, que algú sàpiga on m'han de buscar. —En sabia, de fer comèdia, el Mastroianni, quan calia—. Ens veurem demà?

La Paulina li va treure la pipa de la boca i li va fer un petó precipitat.

—A quin costat del pont em convé més agafar el taxi?

10. A L'OMBRA DE NOTRE-DAME

Com tants carrers de tantes ciutats, el diumenge a la tarda la rue de Seine era un carrer mort. Ni mitja ànima, ni un vianant. Les persianes avall i les botigues a les fosques, com si volguessin deixar dormir els quadres. Només algun ocell, aliè als sindicats i al calendari laboral, feia música amb les ales. La taxista que la duia de Croissy a la Galerie Anouk havia deixat enrere els meandres del riu i es va endinsar al carrer a través de la Square Honoré-Champion, el revolt d'entrada al seu destí, sense adonar-se que era contra direcció. La Paulina va decidir que era millor que la deixés allà que no que hagués de donar tota la volta. Va fer apujar la bandera davant de l'estàtua de Voltaire i, amb la seva camisa blanca i els texans nous, va caminar una vintena d'aparadors fins a retrobar el Jean-Pierre, que la va rebre amb un petó i dotze roses de Santa Clara. Quan va ser amb el galerista, la Paulina ja no es va tornar a recordar de l'interrogatori de la seva cosina. La Julie l'havia agafat per banda, a l'eixida de casa, i li havia preguntat què havien fet amb el Jean-Pierre la nit abans, on havien sopat, què li havia ensenyat, on l'havia dut, què s'havien dit, què li havia semblat el casament, si sabia què opinava del seu marit, si havia trucat a casa, què pensava fer aquell diumenge, per què estrenava els texans de Calvin Klein que li feien unes cames encara més llargues i un cos estilitzat, si aquell diumenge s'havien de tornar a veure amb el Jean-Pierre, que on quedarien, a quina hora, si pensava pujar a casa del galerista, si tornaria d'hora per sopar tots tres junts, amb l'Alain, a Croissy, si...

La Paulina, més feliç que atabalada, es feia l'orni. Somreia i contestava, lacònicament, amb un sí o un no, sense cap entonació especial. Es resistia a caure en el parany de la Julie i que, en el seu joc de les preguntes, se li pogués escapar algun èmfasi que la delatés. Només li va respondre que sí, que havia parlat amb la Gina, que per Barcelona estava tot bé, que la seva filla era la millor del món, que ella s'ho havia passat bé amb el Jean-Pierre, que era un home interessant i que, en principi, aquell diumenge no s'havien de veure. Però que sí, gràcies, que ja que s'havia ofert, que li demanés sisplau un taxi per baixar a París i que aniria a passejar per Montmartre o per Le Marais o, potser, segons com, entraria en algun cinema a veure *Chariots of fire*, que n'havia sentit a parlar molt bé durant l'aperitiu del seu casament.

I d'una cosa sí que n'estava segura: que no l'esperessin a sopar, que s'estimava més que els nuvis sopessin sols a casa, que ella ja els feia prou d'espelma, que preferia que estiguessin una tarda tots dos sols i que, així, començarien a adonar-se de com en són d'estranys els diumenges al vespre per a un matrimoni. Per la determinació de la Paulina, i perquè portava la felicitat dibuixada als pòmuls, la Julie intuïa que la seva cosina en portava alguna de cap.

El Jean-Pierre, que havia esperat la Paulina passant els telèfons dels marxants en una agenda nova —un per un i per ordre alfabètic—, va donar la feina per acabada.

—Preparada per caminar?

—Amb aquestes espardenyes no em guanyaràs.

—T'has posat molt...

—T'agrada?

—Sí.

—Molt què? Podries acabar la frase?

—Espectacular.

—Ho dius sense convenciment...

—T'havia vist de casament, i amb el vestit d'ahir... Però uns texans i una camisa senzilla, i et queden així de bé.

—Gràcies.

—El millor cuiner del món no és el que fa el plat més complicat, sinó el que sap fer millor dos ous ferrats.

—No t'emboliquis. Deixa-ho córrer. A tu també et queda bé aquesta camisa de punt.

—Anem.

—I què en fem del ram?

El Jean-Pierre va entrar a la rebotiga, en va treure un gerro amb un pam d'aigua, hi va posar les roses de Santa Clara i el va col·locar a l'aparador, als peus de Le Corbusier.

—Enlloc estarà més bé que aquí. Tens raó.

«Un quart d'hora abans de la fi del món».

—Et puc dir una cosa? No m'agrada aquesta frase que tens posada a la porta, entre cometes. De qui és?

El Jean-Pierre no va respondre. Va tancar la galeria amb clau i, amb l'objectiu d'ensenyar a la Paulina el lloc on l'havien de buscar si mai es perdia, es va disposar a desfer la rue de Seine. En arribar a l'Institut de França, van tombar cap al Quai des Augustins, per damunt del riu en direcció a l'Île de la Cité.

—Ja sé on em portes. És fàcil d'endevinar.

—A on?

—A Notre-Dame.

—De debò que m'has pres per algú tan vulgar...?

—No, home...

—Quina decepció... Tu creus que si mai em perdo m'han de buscar en una església?

—Una catedral. I no és una de qualsevol.

—Fred, fred... Compte —li va agafar la mà—, travessem per aquí.

A l'ombra de Notre-Dame, a l'altre costat del

riu, en un racó de carrer on dos cirerers de flor donaven aire de placeta, al 37 de la rue de la Bûcherie, hi apareixia, com un oasi, Shakespeare and Company. Una llibreria. Les lletres majúscules del rètol de l'establiment, negres sobre un fons groc, impactaven sobre el caminant que, per atzar, en un passeig a la babalà, arribava a aquell racó secret de París. Tan sols la S de Shakespeare, en vermell de sang, i dos retrats de l'autor de tantes vides de comèdia i de tragèdia a la façana, donaven color a una llibreria que es presentava en anglès. Antiquarian Books.

—És preciós, Jean-Pierre... I quina calma, aquest lloc.

—No t'hi havia dut mai la teva cosina?

—Mai. Ni me n'havia parlat mai ningú.

—Doncs la llibreria és com tu. Per dintre encara és millor.

Quan el Jean-Pierre va llançar la flor, la Paulina badava. Havia quedat astorada contemplant el tancat de fusta verda de la botiga, a banda i banda del portal dels habitatges, que feia joc amb la petita font de Wallace que, al davant d'un dels aparadors, trencava qualsevol simetria. Des de ben petita que la destarotaven les simetries, els nombres capicua i els jardins proporcionals.

—Si en vols —va prémer la font—, és aigua potable.

—Porta sort, beure'n?

—No em consta...

—Vol dir que tornaré a París?

—No necessàriament. Però treu la set, que ja és molt.

—Jo sí que espero tornar-hi. —Es va acostar a la font—. Per si de cas...

La Paulina va vinclar el cos endavant i es va estintolar de puntetes, mirant de no mullar-se els peus. Va deixar rajar un bon doll d'aigua abans d'abeurar-s'hi.

—Diuen que a París hi ha cent fonts idèntiques a aquesta, però no les he comptades mai.

Si la Paulina hagués portat una màquina de fer fotos s'hauria atipat de retratar la font, la façana, els porticons, les lletres, la pau, les dues magnòlies d'hivern en la florida rosa de primavera, les caixes de llibres amuntegades a fora al carrer, com si fossin fruita. Si la Paulina hagués pogut fer fotos d'aquells dies, d'aquells carrers, d'aquelles passejades i d'aquell home tan especial...

—Entra-hi. Entra-hi tu sola, Pau. No te'n vull dir res. Tu entra-hi i en parlem després.

—No véns amb mi?

—Tu entra-hi i potser entendràs per què, si mai em perdo, m'han de buscar aquí.

—Però...

—I puja a dalt, mira per la finestra, entra a totes les habitacions, no t'estiguis de res. Mira, remena, respira. Estigue-t'hi tanta estona com et calgui... Vull que ho descobreixis tu sola. Sense pressa. Jo t'espero aquí —i va alçar la mà, amb la pipa fumejant—. Al George no li agrada que hi dugui la xemeneia encesa.

La Paulina va decidir entrar-hi, amb la prudència de qui planta un peu a la casa encantada, amb els ulls oberts i amb els sentits a flor de pell. Disposada a sentir, a percebre —quins dies tan especials—, va travessar la porta com qui obre un llibre: deixant-se endur pel món màgic de la imaginació.

La llibreria era estreta, laberíntica, atapeïda. La planta baixa, si més no, era plena, a cada pas, de racons i desnivells tortuosos. No hi havia dos graons iguals. En algun tram es trepitjava sobre moqueta, que, de tan gastada, havia perdut el granatós de l'elegància. En d'altres, les passes —porugues— eren sobre fusta o sobre la pedra de l'obra original, que lliscava per recordar-nos, cruel constatació, que el temps tot ho erosiona. Miressis on miressis, hi havia llibres per tot arreu, del terra al sostre; en caixes, en lleixes, de tortes i de guerxes. I alguna de recta, per portar la contrària, que s'aguantava per la quietud. La vista se li escapava, a la força, a les onades de llibres, molts d'esgrogueïts; la majoria, empolsats pel pas del temps i perquè ningú no s'havia entretingut a passar-hi un drapet. Poesia, novel·la, històries de la història, títols en anglès, en francès...

Per pujar al primer pis calia, abans, deixar desfilar un grup d'americans que, de baixada, portaven l'emoció als ulls. Amb compte, va pujar per l'única escala. Era molt vertical, de graó estret, incòmode. Va haver d'acotar el cap per no topar enlloc. A dalt, el paradís dels llibres vells s'eixamplava i s'aclaria. La claror natural, que entrava des del carrer o pel celobert, enaltia l'espai i li conferia la profunditat que no tenia la planta baixa, més emfarfegada. El paisatge, però, era el mateix. Lloms i més lloms de llibres que entapissaven totes les parets, de dalt a baix, sense un forat, sense un buit. En l'habitació del fons hi havia un piano obert i una cadira de fusta com si algú hagués d'arrencar a tocar un nocturn de Chopin. Al mig del passadís hi descobries un despatx remenut, individual, de sostre baix, on només hi cabia mitja persona i encara no gaire refeta. Tant el sostre com les parets eren plens de paperets enganxats, clavats o penjats, on els clients havien aprofitat per immortalitzar-hi algun pensament. A la tauleta del despatx hi reposava una màquina d'escriure portàtil, amb carcassa de plàstic, dels setanta. La Paulina va pensar que era, tan sols, per fer bonic. Va tenir la temptació d'entrar-hi, asseure's i escriure algun missatge per al Jean-Pierre, però li va fer por que la poguessin renyar per haver-se saltat alguna norma. Va continuar la descoberta de la primera planta fins al fons, guiada per la curiositat i pel feix de llum que entrava per l'única finestra, oberta de bat a bat. L'última sala era el capítol final de la llibreria. De fet, era una habitació concebuda com a biblioteca. Era l'únic lloc de la Shakespeare and Company on els amants dels llibres podien asseure's una estona a fullejar els paràgrafs de la novel·la que els havia cridat l'atenció. A la biblioteca no hi havia dues cadires iguals: butaques, escambells, cadires de fusta amb potes ranques i un sofà, rònec, de dues places. I, això sí, l'ampit de la finestra on, per poc que t'hi aboquessis, veies, de gairell, les dues torres de Notre-Dame en una perspectiva insòlita. No va tenir pressa. Les instruccions del Jean-Pierre havien estat clares i en va fer cas. Va agafar un poemari de Baudelaire —com podia haver agafat qualsevol volum que hagués tingut a l'abast— i es va asseure a contemplar el no-res des del balancí de vímet de la biblioteca. No va obrir el llibre. Va mirar el silenci. La resta de badocs de diumenge que entraven a la diminuta biblioteca respectaven la concentració dels que, potser des de feia hores, s'havien endinsat pels viaranys de la ficció. Era, més aviat, una sala de pregària. Tan sols el zumzeig d'un borinot indecís, que de tant en tant entrava i sortia per la finestra, feia alçar el cap, amb suficiència, d'alguns dels àvids llegidors. D'altres, absorts en una bona història, no es distreien per res.

—Saps com en deien, a Egipte, d'una biblioteca? —li havia preguntat el Jean-Pierre—. El tresor del remei de l'ànima.

Quan en va tenir prou, la Paulina va desfer el camí. Va encongir les espatlles per baixar l'escala i, esquivant els clients que tafanejaven entre lleixes, va sortir, extasiada, a retrobar el Jean-Pierre.

—Així, monsieur Zanardi, que si mai ets perds t'hem de buscar aquí.

—Si em perdo a París, sí.

—Té un encant especial... Ho entenc.

—Busqueu-me aquí, si creieu que sóc a París, o en qualsevol de les magnífiques llibreries que hi ha pel món. N'he vist moltes, però encara me'n falten. M'han parlat de dues de vell, a Escòcia, a Inverness i a Glasgow, un dia o altre m'hi hauré d'escapar per veure-les. Una llibreria és... —va rumiar abans de dir-ho, però ho va dir sense petulància— és la pàtria de la llibertat, el refugi de les paraules, l'autèntic museu del pensament.

—Però tu què hi busques, paraules?

—Papallones. Sempre. Llibres de papallones, catàlegs, volums que em puguin ensenyar alguna espècie que encara no he vist.

—M'agradaria que hi entréssim junts.

—Ara?

—No et ve de gust?

—Vostè primera, *milady*...

Que un país tingui el quilòmetre zero en una llibreria de vell, que acull tota la saviesa, el pes de la literatura i el pas de la història, ja està tot dit. El Jean-Pierre es va posar la pipa a la mà. Tot i que feia estona que no tirava, encara la notava calenta.

—L'amo és un americà amic meu. Acaba de tenir una nena, als seixanta-set. George Whitman, de New Jersey. L'home té un guió de pel·lícula. No havia estat mai a França, va arribar a París després de la Segona Guerra Mundial, s'hi va quedar, va obrir una llibreria de vell a Saint-Michel i, al cap de poc temps, va comprar això. Som en un antic convent, em sembla.

—És ell? —Va assenyalar, amb el colze, un home esprimatxat que amb un genoll a terra remenava entre una pila de llibres que eren a tocar de l'escala.

—Sí. Ja el veus...

—Amb la cara paga.

—És un excèntric. Un sonat, un romàntic...

—Un bohemi?

—Digue'n com vulguis. A vegades va amb corbata i a vegades, segons com, es posa unes americanes estrafolàries que l'hauries de veure les nits que munta lectures poètiques a la llibreria... És un grillat dels llibres. Tant de bo n'hi hagués més com ell.

La Paulina reia per sota el nas. I va parlar baixet perquè el George, que no trobava el que buscava, no la sentís.

—T'has fixat en les solapes de la camisa? Si t'hi acostes et poden treure un ull.

Van riure a costa de les punxes afilades, tan passades de moda. George Whitman era, també físicament, un home peculiar. Els cabells blancs eren una escarola enrampada, tenia el nas de ganxo i lluïa una barbeta de boc, resseca, que havia tingut florides millors. Era, tot ell, un senyor singular, remagrit, amb molta cama i poc cos, i amb l'incipient gep del llibreter. O de l'asmàtic, que tot sovint coincideix.

—Vols saber el millor? Fitxa't que tots els dependents són molt joves.

—I estrangers, diria...

—L'home ho té ben muntat. Deixa que els joves escriptors de tot el món, o gent que vol dedicar-se a escriure, dormin al pis de dalt, dins mateix de la llibreria, al costat del piano, o a la biblioteca... No has vist cap matalàs per terra?

—No m'hi he fixat gaire...

—La llibreria s'ha convertit en una curiosa residència d'escriptors. Vénen a París, no tenen on allotjar-se i el George els deixa dormir aquí a canvi de tres condicions. Primera, el jove ha de llegir un llibre cada dia. Segona, ha de despatxar dues hores a la botiga. I tres, ha d'escriure, pel cap baix, una pàgina d'autobiografia també cada dia. Què et sembla?

—És genial, Jean-Pierre...

—Té mà d'obra barata, gent fent cua per poder dormir i treballar aquí de franc mentre ell col·lecciona milers i milers d'autobiografies de joves escriptors que, qui sap, algun dia potser seran algú.

Van pujar, de nou, al primer pis. El Jean-Pierre va passar al davant.

—Has vist aquest despatxet? —Arraulit, hi va entrar i s'hi va asseure.

—M'ha encantat. Amb la màquina d'escriure a punt de...

—Diuen que Lawrence Durrell, aquí dins, hi va escriure algun fragment del *Quartet d'Alexandria*. Has llegit les novel·les?

—No has escrit mai res, tu?

—Jo? —El Jean-Pierre es va sentir enxampat—. Res que valgui la pena. Quatre ratlles de joventut.

—Poemes?

—No, no. I ara... —avergonyit— un *roman*, un conte allargassat que ni sé si el vaig guardar.

—Jo el vull veure...

—No val la pena, Pauline, de debò.

—I ell?

—Qui?

—L'amo... No ha escrit mai res?

—El George? Una vegada em va dir, això t'agradarà, que ell només havia escrit cartes d'amor.

—Oh...

—I saps què? M'ho crec.

—En fa la pinta, potser sí.

El Jean-Pierre es va desencarcarar per sortir del despatx de Durrell.

—Baixem i te'l presento.

—El George?

—Et ve de gust?

—I qui li diràs que sóc? —Volia i dolia.

—Què vols que li digui? La veritat, la meva cosina de Barcelona... Una amiga. Una clienta de la galeria. Una model de pret-à-porter. La destinatària ideal d'unes cartes d'amor. Pots triar...

Ella va riure, nerviosament.

—Deixa-ho córrer, em fa vergonya.

—Ja pots comptar... —De nou, la va seduir amb una idea improvisada—. Ho deixo córrer si em promets una cosa: que mai no oblidaràs aquest lloc.

—Ni aquest lloc, ni aquest moment.

La Paulina s'hi va acostar, a poc a poc, i quan el va tenir a prop li va fer un petó salvatge. Un lector amb cara de ninot que fullejava *El gos groc* de Simenon va alçar els ulls de la pàgina, els va mirar de reüll i va tornar a submergir-se en la investigació de Maigret. Li interessava més saber per què els gossos ensumen la mort abans que ningú que no la besada impetuosa d'uns desconeguts.

La Paulina notava que, al costat del Jean-Pierre, els dies s'embalaven. Tant dissabte com diumenge s'havien retrobat, d'entrada, amb educada prudència, amb tacte respectuós, gairebé amb refinament aristocràtic. Amb una certa fredor, diria també, per part del Jean-Pierre, si no fos pel ram de flors... Però tot d'una, a mesura que estaven junts, sentia que les hores i les emocions s'atropellaven. S'esvaïa la serenor, creixia la intensitat i, dins seu, se centrifugaven vibracions i converses. El Jean-Pierre li ensenyava nous mons i li explicava coses que no sabia. Ell la captivava amb les paraules, amb els gestos, amb una cortesia gens passada de moda que l'embolcallava, l'agafava i la transportava fins a flotar. Tenia més de Marcello que de Jean-Pierre. O tant de l'un com de l'altre. O la suma exacta dels dos seductors. La Paulina, que no dubtava dels seus encants però havia perdut el costum d'enamorar, en algun moment temia no estar a l'altura i sentia la necessitat d'amagar-se.

—Podríem anar el cine, aquesta tarda...

—Et ve de gust?

—No he anat mai a un cinema a París.

—Bé, aquí hi ha unes butaques i una pantalla, apaguen els llums i un senyor amb una lot et...

—Tu eres a la conversa, del casament, quan parlaven de *Chariots of fire*? Em sembla que no. L'acaben d'estrenar. N'hi havia uns que ja l'havien vist i estaven entusiasmats. Deien que està molt bé, que segur que guanyarà tots els Oscars, de pel·lícula, de guió, de fotografia, de vestuari... La música també diuen que és de premi. O tenies un pla millor?

—Jo només tinc un pla: estar amb tu.

El Jean-Pierre, amb el llavi fi, ho havia tornat a fer. Va agafar un *Libération* de la pila de diaris d'un quiosc, el va obrir per mirar la cartellera i el va tornar a deixar a lloc sense que l'amo de la paradeta —que comptava els dies que li quedaven per a la jubilació— ni s'immutés.

—Si ens afanyem, arribem als Gaumont del boulevard des Capucines, a tocar de l'Òpera.

La Paulina no va comptar que hi hauria cua. Amb el seu marit ja haurien fet mitja volta o haurien triat una altra pel·lícula que no obligués a fer tota aquella processó sinuosa que arribava fins a la cantonada. El Manuel no hauria suportat que se li colés algú i sempre veia gent que ho intentava. De fet, des que havia nascut la Gina, potser no havien tornat a anar al cinema. En tot cas, miraven alguna pel·lícula, les nits de dissabte, al sofà de casa. O l'un o l'altre, però, sempre queien rendits.

Quan van entrar a la sala, a les fosques, ja no quedaven gaires llocs per triar i es van haver d'asseure més endavant del que haurien volgut.

Així que van trobar la posició, els atletes britànics, «esperança als vostres cors i ales als vostres talons», ja corrien descalços per la platja vestits d'un blanc impecable. L'escocès Eric Liddell, un devot protestant que es refia més de les seves pregàries que de les seves cames, es nega a córrer en diumenge als Jocs de 1924 —precisament a París— contra l'anglès Harold Abrahams, el jueu que posseïa tots els rècords. Vet aquí un duel de pel·lícula que, si es jutjava pel cartell, semblava que anés d'esport però que anava de religió i de cultura.

—Sí que és bona la música... —baix baixet, el Jean-Pierre.

La Paulina no va respondre. Al cinema li havien ensenyat que no es parlava i, per a ella, era sagrat. I estava ben concentrada en la pel·lícula, perquè és de les que va amunt i avall en el temps i, si al damunt és en un idioma que no és el teu... Va ser just després de la cursa en què dos corredors han de fer la volta al pati del Gran Tribunal del Trinity College abans que sonin les dotze campanades del rellotge, que el Jean-Pierre va allargar la mà per agafar la d'ella. Durant una estona, li va acaronar els dits. Després va deixar la mà quieta sobre la de la Pauline, que la tenia estesa sobre els texans. Ella va notar que ell, fins i tot, s'entretenia a resseguir-li el contorn de l'aliança de casament com si res. S'hauria adonat que portava l'anell? Que passés els dits per allà, era per dir-li que no hi donava cap importància? Després, com si algú els hagués de veure, van desplegar els braços i van posar les mans llaçades a sota, com qui llança l'àncora entre les cadires, i es van estrènyer els dits per sentir-se ben amarrats. Fins al final de la pel·lícula cap dels dos no va voler enretirar la mà. Estaven bé junts, agafats, notant-se. Pell amb pell.

—T'ha agradat?

Amb els títols de crèdit, el Jean-Pierre va pensar que ja s'havia aixecat el veto. La Paulina, amb els ulls encara a la pantalla, va trigar a respondre. Va girar el clatell per mirar-lo als ulls.

—Molt. I m'ha agradat molt veure-la amb tu.

I no va ser fins aleshores, quan encenien els llums de la sala, que es van deixar anar de les mans.

Van sopar a la Brasserie Lipp, al mateix boulevard Saint-Germain, a l'altra vorera de l'església i de Les Deux Magots, el cafè de la sopa de ceba de la nit anterior. Lipp era, potser, la braseria per excel·lència, el lloc que mai passava de moda i que tenia la cuina oberta fins a les dues de la matinada, horari ideal per a polítics, artistes i d'altres perdularis donats a la conspiració. El Jean-Pierre i la Paulina hi van entrar, sense reserva, poc abans de les vuit, segons el que marcava un rellotge d'estació que, penjat de dues cadenes, hi havia al menjador de la braseria. L'havia fundat, al segle XIX, un alsacià que havia anat a París a fer fortuna i se n'havia sortit. Léonard Lipp no havia trigat a agafar renom per la xucrut i la cervesa, i havien mantingut l'especialitat més de cent anys després. Del carrer estant, podia semblar un restaurant qualsevol. Així que es passava la porta giratòria, però, t'endinsaves en un paradís d'olors, i de sorolls, amplificat pels grans miralls que hi havia a totes les parets. El Jean-Pierre, que va deixar reposar la pipa a la butxaca de l'americana, va voler que la Pau passés al davant. Per galanteria, però sobretot per no tapar-li les vistes al primer cop d'ull. El terra era un tauler d'escacs, de quadres grans, lluents. Les taules, rectangulars, de tan sols dos pams i mig d'ample, estaven tan juntes que els cambrers n'havien d'enretirar tota una per deixar passar el comensal que s'asseia al banc de molesquí marró, a tocar de la paret. Entre una taula i l'altra no hi havia més de dos dits, la separació justa per posar-hi unes estovalles netes, de fil, després de cada torn.

—Ens partim un chateaubriand amb salsa bearnesa?

—Jo no en menjaré gaire, però perfecte. Tinc poca gana. —Els nervis, a la Paulina, se li posaven a l'estómac.

El cambrer, d'una amabilitat apegalosa, els va prendre nota amb un gargot que, a la cuina, tan sols devien desxifrar gràcies a la força del costum. Tots els cambrers, fins i tot en la bonança del mes de juny, anaven amb americana, armilla i corbata de llaç, del negre més endolat. Sobre el pantaló, en canvi, hi duien un davantal blanc, perfectament planxat, que els baixava de la cintura fins als turmells. A la Paulina la va soprendre que la ratlla del plec es veiés tan ben dibuixada, tan recta, tan ben feta. L'hi hauria de dir a la Isabel, que, a casa, no li planxava amb aquella escrupolositat.

—Mira. —La Paulina li va ensenyar el rètol que els quedava sobre la taula del davant—. Aquí te n'hauràs d'estar.

L'olor d'alguns tabacs perfumats
incomoden la majoria dels nostres clients.
FUMADORS DE PIPA
tingueu la cortesia de
renunciar a fumar-la en aquest establiment.

—Jo no fumo tabacs perfumats. —Ho va acabar de llegir—. No t'has adonat que jo no faig olor de mariner holandès?

—Tens raó. Sí que... La teva pipa no fa olor de pipa. —Va respondre això quan, en realitat, hauria volgut dir sempre fas molt bona olor, tu.

—Fumo picadura selecta. No és tabac de pipa, a mi m'agrada més. No em pica a la llengua. De tota manera —el Jean-Pierre va assenyalar el rètol amb les celles—, no pateixis, que no fumaré. No acostumo a fumar mentre menjo.

—Arribarà un dia, mira el que et dic, que no es podrà fumar als restaurants...

—Tu ho creus? Forma part del negoci.

—La gent assaborirà millor el menjar. I trobo que la roba no ens farà pudor de...

—Impossible. Qui vols que ho prohibeixi? No s'hi atrevirà ningú.

—Que sàpigues que al meu pare, de jove, se li va acudir dir que arribaria un dia que vendrien l'aigua embotellada, i el van prendre per boig.

—Quin visionari...

—I jo et dic, a diumenge 14 de juny de 1981, que arribarà un dia, potser no serem a temps de veure-ho, que prohibiran fumar als restaurants.

Voilà! Els van portar la carn, tallada, vermella, servida en una safata de plata. Anava acompanyada amb patates fregides, quatre espàrrecs verds de guarnició i la salsa bearnesa calenta, amb el rastre aromàtic de mantega i de l'escalunya i el cerfull de la felicitat. Van desplegar el tovalló gegant i se'l van posar a la falda. Al Jean-Pierre li agradaven els tovallons immensos; a la Paulina, les taules ben parades. Ella es distreia amb el joc de miralls; ell li va explicar que tots aquells mosaics de rajoles pintades que decoraven el restaurant, on manaven els verds i els grocs, eren de Fargue, un mestre ceramista de París que havia... Els temes dels mosaics, el va interrompre la Paulina, no eren gaire alsacians: bambús, palmeres i lloros que es dissimulaven entre làmpares modernistes que il·luminaven les taules amb una claror blanca que no emmascaraven el chateaubriand *saignant*, com havia de ser. Pendents del filet, de l'acompanyament i de la companyia, no es van adonar que un Cupido decadent, pintat al sostre i amagat rere una de les set làmpares de ferro forjat, els apuntava amb la sageta.

—Per què t'agraden tant les papallones?

—No t'agraden a tu?

—Molt. Però jo no col·lecciono...

—Perquè volen alt, perquè volen lluny. Perquè com més les mires, més et fascinen. Perquè són un miracle de la naturalesa. Perquè vénen i marxen. Perquè mentre t'envolten, per poca estona que sigui, són uns segons màgics. Perquè...

Hauria pogut dir mil arguments més, de poètics i de prosaics; hauria volgut explicar-li per què voltava per tot el món per aconseguir un llibre de papallones que encara no tingués a la seva col·lecció, però el cambrer sol·lícit va enretirar la taula del costat, la set, perquè hi poguessin entrar dues àvies, tan ancianes i enjoiades que les arracades els feien de contrapès del bastó per no anar de trompis.

—Per què han tret la foto de Picasso? —va demanar expliacions així que es va asseure a la bancada.

—No, madame Rentz, és al lloc de sempre. —El cambrer va respondre a l'àvia, que complia els noranta—. Allà, ho veu, penjada al peu de l'escala.

Les dues senyores van empetitir els ulls per enfocar de lluny. Si no clissaven el marc, encara menys podien veure cap foto. El cambrer la va despenjar de la paret i els la va portar a taula. El Jean-Pierre i la Paulina, allà mateix, no van poder sinó mirar la imatge en blanc i negre que el cambrer, agafant-la per darrere, feia descansar sobre les tovalles de les madames.

—Ho veus com sí? —va dir la nonagenària repintada.

—Sí, què? —li va respondre l'amiga, d'una lleva similar.

—Que et vaig dir que el Picasso sortia fumant...

—No, no —li va respondre l'amiga, que s'havia passat molt de la ratlla a l'hora de pintar-se els ulls—. Al revés, nena, que jo et deia que estava encenent un cigarret i tu deies que no...

—Ja m'ho tornes a fer...

—El què?

—Dir que tu has dit el que en realitat he dit jo...

El Jean-Pierre va mirar la Pauline amb complicitat. El cambrer, per posar pau entre àvies, va utilitzar el recurs que ha estalviat tantes guerres. La diplomàcia.

—Que sàpiguen, madames, que la foto està feta en aquesta mateixa taula. La set era la predilecta de Picasso.

—Ah, sí? —van respondre, filipines, les dues iaies just abans de posar-se a mirar la carta i no pensar mai més en l'autor del *Guernica*.

La Paulina, enriolada, va fer notar una altra circumstància d'aquell Picasso amb el serrell llepat, fumant a la Brasserie Lipp, que acabava de veure ben bé per casualitat.

—Has vist quines ungles més llargues que duia? Si sembla una dona...

—Qui?

—El de la foto... —no va voler dir el nom perquè les àvies no sabessin de qui parlaven.

—Per obrir els pots de pintura, suposo.

—No m'enredis, home...

—Que t'ho dic de debò. No sé si era el seu cas, però conec molts pintors que se les deixaven créixer per obrir els pots.

—I no tenen un tornavís? O un ganivet, per fer palanca amb el mànec?

—No ho sé, Pauline.

—I, en qualsevol cas, amb una ungla llarga, amb una de sola, ja en tindria prou. No caldria que les portés totes tan afilades.

—T'ha interessat el tema, veig... —foteta.

—És que m'ha fet fàstic, què vols que et digui...

—Doncs re. Que baixin la cotització del Picasso, que a la senyora Homs no li agraden les ungles del pintor...

—Que ets... —va estimar més no dir-ho, perquè no ho pensava.

Els que es burxen es busquen. El cambrer ja havia encertat a penjar, al cinquè intent, la foto en el seu clau a peu de l'escala.

—Saps què hi ha al primer pis, Pauline?

—Els lavabos?

Van riure, de nou.

—Si els necessites són a baix. A dalt hi ha l'infern. —Es va encongir lleugerament d'espatlles, per treure's les puces de sobre—. Aquí en diuen així.

—A l'infern, com al purgatori, no s'hi puja, s'hi baixa.

—Aquí en diuen l'escala de l'infern perquè a dalt és on posen tres menes de clients: els turistes americans, els grups de japonesos i els indesitjables.

—Hem tingut sort de trobar taula aquí baix, doncs.

—La vuit. El racó, què més vols? Les millors vistes per controlar tot el restaurant. Una propina fa miracles.

—És on portes les teves amigues, per impressionar?

—No. És la taula que sempre demanaven els comunistes perquè així, asseguts en aquest angle, pensaven que tenien l'esquena coberta i no els podien atacar per sorpresa per cap cantó.

—Ara sí que veig que no és la teva.

—Què vols dir? —enjogassadament—. Eh, noia, que jo tinc uns ideals i fumo amb pipa...

—Per impressionar les dones, també?

—No, per espantar els mosquits.

Les dues àvies —una al sofà i l'altra amb l'esquena a la fresca, a mercè de qualsevol atemptat— havien demanat teca com si fossin quatre i una ampolla de xampany que van rebre amb aplaudiments i que van trascolar a mitges. La celebració de les vídues no va estroncar el sopar romàntic del Jean-Pierre i la Paulina. De cop i volta, els va divertir escoltar les converses de la taula del costat sense que els calgués estirar l'orella. La Paulina ho entenia pràcticament tot i, a cada comentari que li feia gràcia, donava un copet de genoll al Jean-Pierre per sota de la taula. Les àvies —madame Rentz i madame Bourvil— van fer una competició a veure qui dormia menys, a la nit. Després d'argumentar-ho del dret i del revés, va guanyar, aparentment, la que va proclamar que ella només dormia una horeta i gràcies. La Paulina, esparverada per l'exageració de madame Bourvil, va estar a punt d'impugnar el resultat. A l'hora de pagar, tampoc no se'n va sortir. Tot i la insistència, el cambrer va fer cas de la cara del Jean-Pierre de si no agafes el meu bitllet no tornaré a posar els peus a la Lipp. La Pauline va fer carota d'ofesa, perquè ja ha passat a la història que ho paguin sempre tot els homes, però l'avantatge idiomàtic va desfer l'empat. Els van enretirar la taula, van desitjar bona nit a les àvies amb educació corresposta, li van dir per molts anys —sense ironia— a madame Rentz, van demanar al cambrer que els fes una foto a peu d'escala i van sortir de la Lipp. Al menjador d'entrada, que per als amants en aquell moment ja era el de sortida, la Paulina es va fixar en un últim rètol. El va trobar graciós.

AVÍS
Per mesures d'higiene
Es demana als senyors clients
NO donar menjar als gossos
amb aliments de la casa
ni tampoc deixar-los pujar
al damunt de les cadires.

—Què et sembla que prohibiran abans, als restaurants, tu que ets visionària: fumar o els gossos?

—Si fos per mi, les dues coses. Anem, tontaina. I no te'n fotis, sents?

En la pessigada hi va haver molta tendresa.

A la sortida de la braseria van caminar, d'esma, cap al Senat i els jardins de Luxemburg. Anaven a poc a poc, de la mà o de bracet, com si tinguessin por que, d'un moment a l'altre, un dels dos es pogués escapar. Aquella nit, però, no en tenien cap intenció.

—No et diré, una altra vegada, si vols pujar a fer un got de vi a casa.

—Ja...

—Ja què?

—Que sembla que ho estiguis fent...

—No, no... Al contrari, he dit que no hi insistiré. No et voldria importunar.

—Ets un cavaller, tu.

—Els Zanardi som així. Respectuosos i...

La Paulina no el va deixar acabar. Era massa important el que havia d'expressar.

—Jean-Pierre, et puc dir una cosa? —El cor, abans i després de pronunciar aquestes paraules, li anava a cent quaranta—. M'agradaria molt veure casa teva.

El Jean-Pierre li va fer un petó dolç, de sucre. Quan la Paulina va tornar a obrir els ulls, ell ja havia aturat un taxi i li havia obert la porta.

—Al número cinc de la rue du Trésor, a Le Marais, sisplau.

Van fer el trajecte en cotxe agafats de la mà, en silenci. Era el neguit o la il·lusió, o les dues coses alhora ben embolicades, el que no els deixava parlar?

Com que hi van arribar de nit, la Paulina no es va adonar que era un carrer sense sortida, estret, enjardinat, amb parterres a banda i banda. La porta de fusta massissa —envernissada i amb uns tiradors de bronze de bon agafar— sí que li va semblar noble, que feia molt per ell. Van pujar amb un ascensor senyorial fins al quart pis. El Jean-Pierre, al seu darrere, la va agafar suaument per la cintura, amb les dues mans. El frec a frec li va provocar una esgarrifança. Ell tornava a xiular. La Paulina va pensar que aquell tic el delatava. S'adonava que ho feia, inconscientment, quan estava nerviós o quan no dominava del tot una situació. Es va alegrar de saber que no era l'única que nedava entre dues aigües. No en va dir res. Estava segura que, si obria la boca, li hauria tremolat la veu.

—Aquesta és la meva cova. —Va obrir, de cop, tants llums com va poder.

—Uau... Sembla una continuació de la galeria. Tot tan...

Blanc, auster, tan ben posat.

—Com es diu?

—Qui? —es va espantar—. Com es diu qui?

—El decorador.

—No, no, m'ho faig tot jo... —Se li va acostar per darrere—. M'agraden les coses senzilles, fines. Sóc un home de gust...

Li va fer un petó al coll.

—... i de tacte.

—T'ho dius tot tu... —Ella es va girar, per quedar llavi amb llavi, per mirar-se'l als ulls i assegurar-se que a tots dos els venia molt de gust una nit com la que s'acostava, al galop—. Però és veritat. Tens gust i tens tacte, això no es pot negar.

Després d'un petó de benvinguda, el Jean-Pierre la va agafar de la mà i, a cremadent, van travessar la sala d'estar, van passar per la cuina, li va ensenyar el despatxet que donava sobre el pati interior i, al fons del passadís, van arribar a l'habitació. Entre el vestidor, el lavabo amb porta corredissa i un sofà per a la lectura, era, pràcticament, mig pis. A peu dret, es van tornar a petonejar. Des que l'havia tastat, el Jean-Pierre es delia pel llavi molsut de la Pauline. Mirant-la als ulls, amb destresa, li va descordar, botó a botó, la brusa blanca. La Paulina va fer el mateix amb la camisa de punt del Jean-Pierre, de dalt a baix. Amb reverència, al mateix moment, van deixar caure les camises a terra. Ell, després de mossegar-li l'orella, va aprofitar per descordar-li els sostenidors com qui no vol la cosa, amb un picar de dits precís. Ella es va encongir d'espatlles perquè les tires baixessin soles, i els va deixar lliscar panxa avall. Es van abraçar, cos a cos. Tots dos necessitaven sentir l'escalfor del seu pit sobre l'altre. L'encaix perfecte. Flonjo, càlid, acollidor. S'hi van passar una estona, sense dir res. Sense pensar en res.

Després, sense deixar-se anar, es van treure les sabates i, l'un davant de l'altre, van repetir el ritual. El Jean-Pierre li va desbotonar els texans mentre ella també li descordava els pantalons al mateix segon. Cadascú es va treure els seus i es van deixar caure sobre el llit abans de la rebolcada impetuosa que havien covat durant hores.

Potser, sense saber-ho, durant tota una vida.

Passada la foguerada inicial, irreprimible i apassionada, es van anar temperant els gestos. La Paulina, nua, als braços del Jean-Pierre estava al setè cel. Notava que el seu cos, ossut, construït, feia olor de tabac i de gespa acabada de segar i de llençols nets i de capsa de Caran d'Ache i del berenar d'un crostó amb xocolata de la seva infantesa a Sant Pol. Abraçava el tors i hi trobava, concentrats, molts instants de la seva felicitat. El Jean-Pierre, amb els cabells de la Paulina sobre el pit, no podia deixar d'acaronar-li la pell de préssec, vellutada, celestial. De les cames al cul, de l'esquena a les espatlles. Els pits, més blanquinosos, proporcionats, s'aguantaven amb l'orgull dels trenta anys. El Jean-Pierre, delicadament, treballava els seus mugrons amb respecte, com no ho havia fet mai ningú. Amb dits de violinista, va pensar.

De fer l'amor, el Jean-Pierre també en sabia. I la Paulina n'estava encantada. Tanta sensibilitat i tant d'art per totes bandes li havien servit per valorar els cossos, i per respectar-los, i per intuir que, més enllà de la penetració, hi ha joc i vida i foc. Quin regal. I el Jean-Pierre, amb els dits experts i amb la llengua tafanera, sabia com aproximar-se a les zones delicades. La Paulina agraïa que s'acostés al sexe amb consideració, sense graponeria. Però també amb el necessari gest de seguretat masculina per dur-la als núvols.

Van fer l'amor dues vegades. Sense pressa. Es besaven, suaven i es deien coses boniques. «He sentit coses que mai no hauria pensat que es poguessin sentir». «Mai m'havien dit res tan afalagador». «I no parlava tan sols de sexe». I, dit això, la Paulina es va alçar per abaixar la cortina perquè li va semblar que des del pis del davant els podien veure. Al Jean-Pierre li agradaven aquelles cames joves, fortes. «Ets terriblement sexi». Estava orgullosa de les seves cames, sí.

—No tenies un vi blanc de no sé on...?

—A la nevera. —Va dissimular la mandra que li feia llevar-se—. Et ve de gust?

El Jean-Pierre va tornar de la cuina amb dues copes i l'ampolla oberta dins d'una glaçonera. En va servir per a tots dos, van brindar asseguts al peu del llit i es van tornar a estirar, orgullosos dels cossos i del moment.

Tres copes després, ella li va dir no et moguis. El tenia d'esquena al matalàs, mirant la làmpara minimalista —una inspiració d'un mòbil de Calder— que penjava del sostre, al damunt del somier. La Paulina va enretirar el llençol, li va fer petons per tot el cos i es va adonar que alguns pèls ja tendien a blanc. Després de despentinar-li els braços i d'entretenir-se al voltant del melic, hi va pujar a sobre. El va encaixonar amb els genolls d'ella sobre el matalàs i, ajudant-se de dos dits per recordar-li el camí, de seguida el va tornar a tenir a dintre. I va començar a cavalcar, amb molta calma. Al pas. Amb moltíssima calma. A pas lent. A estones arquejava el cos cap enrere i s'aguantava, amb les mans, sobre les cuixes del Jean-Pierre. A estones, amb la mateixa cadència suau, vinclava el cos cap endavant, pit amb pit, per sentir-lo millor, més endins. Va notar que la seva melena, a la cara d'ell, li podia molestar i, amb traça, es va nuar una cua i va continuar el vaivé lànguid, tranquil. Suau, suau, amor, xiuxiuejava. Alliberada, desconeguda, li va agradar marcar el ritme. Dur el control. No hi estava acostumada. Una cosa diferent.

—*Ne bouge pas*. Quiet, et dic.

El Jean-Pierre, immòbil, s'excitava sota el domini

de la Pauline. El seu moviment extremadament lent, suau, suau, la lubricació perfecta, el fregament sensible... Percebia cada punt de contacte com si fos nou a cada passada, a poc a poc, amunt i avall. El gust era llarg, intens, difícil de suportar. Suau, suau, li repetia ella a cau d'orella. I, com més li insistia, més suau distingia el Jean-Pierre que feia l'amor amb la Pauline, entregat, en un altre món, en un camp ple de papallones amb els estampats més acolorits que havia vist voletejar mai enlloc. I notava que el cap i el cor i tot ell estaven a punt d'explotar. A cada batzegada, més a prop. Suau, suau, repetia la Paulina amb el pit cada vegada més rosat. I ell es deixava fer. Es deixava portar. I notaven tots els gustos. I obrien els ulls, de tant en tant, per adonar-se que estaven junts. I s'esperaven l'un a l'altre. I, alhora, compassant la respiració, van retardar l'últim gemec tant com van poder.

Vençuts els cossos, es van adormir abraçats.

El primer sol va entrar a l'habitació amb la insolència dels dilluns. La Paulina, que havia dormit com un soc, sense jutjar-se, sense tan sols pensar qui era ella i què hi feia, allà, va alçar el cap un pam del coixí. Per la finestra va veure un tros de blau retallat. A la tauleta de nit, el gel s'havia fos dins del gavadal. De l'ampolla, de cap per avall, se n'havia desenganxat l'etiqueta, que surava en l'aigua com un cos mort. Quan es va tombar per acariciar el Jean-Pierre, ja no hi era. Abans que hagués de patir per res, però, va sentir que obria l'aigua de la dutxa. La porta corredissa, de vidre esmerilat, no li permetia veure la silueta del Jean-Pierre al lavabo. Es va regirar i va aprofitar per covar la mandra i per mirar, a una banda i l'altra, el santuari del seu... amant. Després de passar una nit a casa seva, ja n'hi podia dir així? A partir de quan, es preguntava la Paulina, una aventura amb una altra persona la converteix en el seu amant? Un amant es mesura en petons o en sentiments? És el sexe, el que delimita l'adjectiu? I si és el sexe, quin? És una qüestió de vegades o d'intensitat? Amb la serenor del matí, la Paulina no es penedia de res del que havia fet ni del que havia dit des que la Julie li havia presentat el Jean-Pierre. Aquell matí se sentia, per una vegada, transgressora. No n'estava orgullosa, però tampoc no es castigava. En tot cas, ja hi pensaria a l'avió de tornada. L'avió de tornada! No volia tornar! No volia que s'acabés... Sabia que, en el fons, seria capaç de portar aquella història en la intimitat requerida. Però, de nou, les paraules la van trasbalsar: per què hi pensava com si fos una història o una aventura quan, en realitat, estava sentint coses que no havia sentit mai abans? On estava escrit que aquella relació amb el seu Mastroianni havia de ser només una aventura o una història o un eufemisme d'aquests que s'encunyen per tranquil·litzar consciències? Per què limitar-ho, d'entrada? Per què no s'entregava al Jean-Pierre, tant com ell semblava que s'obria amb ella i, després, ja serien a temps a posar-hi una etiqueta? Les paraules, a vegades, incriminen més que els fets. I començava a donar voltes a tot plegat. Potser és que l'home que era a la dutxa li havia fet caure algunes barreres? Quantes, amor meu, estimat?

Del llit estant, li va semblar que, al costat del sofà per a la lectura que el Jean-Pierre tenia a l'habitació, a més a més d'un cendrer de peu i una làmpara *vintage*, hi havia un moble d'antiquari que aguantava un telèfon, alguns llibres i unes poques fotos. Es va aixecar per mirar-les de la vora. N'hi havia tres. En un marc recargolat, de plata, hi havia un vell retrat de casament, en blanc i negre. Per les faccions del nuvi, no va dubtar que aquella era la boda dels seus pares, a la sortida de l'església de Saint-Germain-des-Prés, al París d'entreguerres. Una segona fotografia, descolorida, era clarament d'un ufanós Jean-Pierre, jove, amb la pipa a la boca, donant la mà a un pintor que no va saber reconèixer. Per la il·lusió que semblava fer-li al Jean-Pierre, havia de ser un artista de renom. La tercera foto del moble va inquietar molt més la Paulina. En un marc d'ivori escantonat, hi tenia una foto d'una nena. Era un primer pla disparat a la galeria de la rue de Seine amb una Polaroid. Per la fesomia, era alguns anys més gran que la Gina però ni de bon tros tan bufona. Potser en tenia sis o set; vuit, a tot estirar. Era moreneta, portava dues trenes peruanes i, per la manera com somreia a càmera, ensenyava les dents del mig ben separades. No feia cara de dir-se Anouk, que li semblava més nom de dona que de nena. Per més que hi busqués un aire, no s'assemblava gens al Jean-Pierre. En el casament de la Júlia li havia dit que no tenia fills, i després dels dos dies, i una nit, que havien passat junts, no era el moment —no, sisplau— de descobrir-li una mentida. Per enderiar-se ja hi seria a temps.

Va decidir anar-li a desitjar un bon dia al Jean-Pierre. Es va treure les calcetes, va entrar al lavabo i, sense que ell la sentís passar, es va ficar a la dutxa amb ell. Es va abocar el gel a la mà i, a poc a poc, el va ensabonar amb la cura de qui neteja un David del Renaixement. El galerista, sota el raig generós d'aigua, havia deixat de xiular.

—Vas avisar la teva cosina que no hi aniries a dormir?

—Hòstia!

11. Cançons d'amor búlgares

Va tornar amb l'esmorzar. Dos croissants més aviat torrats, una baguet, cent cinquanta grams de mortadela fumada que li havien tallat al moment i tres préssecs que li va semblar que vivien la seva hora sublim. La Paulina va baixar a comprar i, abans d'entrar al forn, va buscar una cabina per telefonar a la seva cosina. El Jean-Pierre havia insistit, *s'il te plaît,* que truqués des del pis, que no trigués més a fer-ho, que la Julie devia estar passant ànsia... La Pau, però, necessitava temps per pensar què li diria i, sobretot, per ordenar el seu discurs, atès que notava que se li estava desendreçant la vida. I, a més a més, li feia vergonya donar explicacions davant del Jean-Pierre. No volia parlar d'ell davant d'ell, ni tampoc, segons què decidís dir-li a la Julie, li venia de gust que la sentís enredant-se amb una mentida o amb una mitja veritat, que és la forma que els covards tenen de fugir.

—Nena, estàs bé? Però on recollons t'has fotut? Quina angúnia. Saps quina hora és? Ja et podíem anar esperant... L'Alain i jo patint tota la nit. Si fins i tot ell em deia que truquéssim a la Gendarmerie. I jo he pensat a trucar a casa del Jean-Pierre, perquè estàs amb ell, oi? Només digue'm sí o no, si no pots parlar. Mira, ahir, quan vas sortir de casa, et vaig notar alguna cosa. No ho sé, la camisa i els texans, t'havies arreglat d'una manera... Et vaig veure alguna cosa als ulls, que... Fa massa anys que som com germanes, no ens podem amagar res, tu i jo. Jo no et preguntaré. Tu explica'm fins on vulguis, o fins on puguis, i jo no et jutjaré. Però Paulina, per favor, vés amb compte amb el Jean-Pierre...

—Per què hauria d'anar amb compte?

La Paulina, que havia aguantat la filípica de la Júlia esperant que acabés l'interrogatori de qui ha passat la nit en vetlla, va saltar de cop i volta. Abans de tornar a pujar al pis de la il·lusió de la rue du Trésor, volia saber per què havia de vigilar amb el Jean-Pierre. On s'estava ficant que no ho veiés amb els seus propis ulls? Què sabia la Júlia, si és que sabia alguna cosa, que no li havia dit fins llavors?

La cosina, aleshores, va callar. Va voler fer creure a la Paulina que aquell vés amb compte no l'havia dit per res en concret, sinó com un advertiment vague, genèric, un parlar per parlar. Havia tirat la pedra i, amb l'estratagema dels gelosos, intentava amagar la mà.

—Estàs dolguda, Júlia?

—Jo? No...

—És perquè no us he avisat que no vindria? Ho sento, se me'n va anar del cap. O és perquè creus que estic amb el Jean-Pierre?

—Ja em passarà... He passat la nit en blanc i no estic d'humor per...

—No m'esperis, avui. Ja t'aviso. Així no patiràs. Vosaltres feu la vostra que jo ja m'espavilo.

—Que fas la teva, això queda clar.

Dolgudíssima, sí. Però la Paulina no en volia fer plat. Va penjar, va entrar al forn i va demanar dos croissants torradets, que era com li agradaven a ella, i ja no hi va pensar més. Tenia ganes de tornar al costat del Jean-Pierre i esmorzar junts a la cuina, amb la galeria oberta. La finestra donava a un pati interior que els obsequiava amb la florida orgullosa i les olors de finals de primavera. Camí de casa, va pensar que la rue du Trésor, de dia, encara tenia més encant que a la nit, quan hi havia arribat amb pressa i amb una coïssor desacostumada —combinació estranya d'il·lusió i basarda— que la feia intuir què podia arribar a passar. Trobava que els carrers sense sortida tenen alguna cosa d'impàs, de calma, d'enigmàtica intimitat. I més encara, si no hi poden entrar cotxes. Des del bar Les Philosophes de la cantonada, que marcava l'entrada a la rue du Trésor, fins a la font blanca sense cap interès que tancava les vistes, el carrer era ple de restaurantets amb terrasses a l'ombra i de botigues, selectes, de decoració. Els parterres, a banda i banda, presentaven unes hortènsies blanques que, de tan atapeïdes, ho impregnaven tot d'un aire exòtic, glorificat. El Jean-Pierre l'esperava amb un petó, un suc de taronja fresc, colat a consciència, i la discreció de saber que no era el moment de fer preguntes. El que s'haguessin dit entre cosines quedava entre elles. Del que expliqués la Pau del que estava passant entre ells, no n'havia de fer res.

—Per què en diuen rue du Trésor? —La Paulina sí que tenia una pregunta—. N'hi van trobar algun, suposo...

—Un petit cofre, amb unes monedes d'or, sí. Van tirar a terra un hotel i enmig de la runa, d'un cop de pic, en va sortir un cofre ple de monedes d'or. D'un rei. Joan el Bo, em sembla.

—I jo que em pensava que el tresor eres tu...

Van asseure's a taula, ben parada, i van esmorzar en silenci. A l'equip de música de la cuina, el Jean-Pierre hi va posar, gairebé d'amagat, una cinta de casset.

—A veure si t'agrada.

—Què és?

—Una cosa rara. —No volia que la Paulina veiés què era—. T'adverteixo que és peculiar...

El primer tema era un cor de dones, que semblava que cantessin *a cappella*, en un idioma que la Pau no aconseguia reconèixer. Va deixar que sonés la segona cançó abans d'aventurar-se a dir que era música aborigen o d'algun país de l'est d'Europa o potser...

—Són cançons d'amor búlgares.
—Uau, m'hi he acostat.
—T'agraden?
S'ho va rumiar, abans de dir res.
—Originals...
—Les vaig sentir en una església de Plovdiv i, a la sortida, me'n vaig comprar el casset, que el venien les mateixes dones, en una paradeta.
—Saps què hi diuen?
—Ni idea...
—Potser sí que sonen a cançons d'amor, si ho saps... Més que de funeral, esclar.
—Cançons d'*amour*. I com més les escoltis, més.
El Jean-Pierre acabava de pelar un préssec. El va tallar, es va eixugar els dits amb un drap i va posar el bol al davant de la Pauline. Potser feia vint anys que ningú no li pelava un préssec. El seu pare era l'encarregat, a casa, de pelar la fruita per a tots. Des de llavors, res. Fins a París. Fins a la cuina del Jean-Pierre l'endemà d'una nit de brasa i gasa. Assaboria el préssec, escoltava les veus búlgares i mirava els ulls del Jean-Pierre. Uns ulls amb rebotiga. Més verds que marrons. Començava a tenir alguna arruga interessant en el contorn. Les celles, espesses, pentinades de dins a fora, sense cap pèl rebec que volgués fugir d'estudi. Els ulls en els seus ulls. L'emoció anava a més. La pau, la tranquil·litat. Cançons d'amor búlgares, la mirada refiada i ja no calia que es diguessin res. Tant de bo que pogués durar sempre, aquell moment. No l'oblidaria mai.

Sempre, mai. La Paulina sabia que els adverbis absoluts s'havien de fer servir com la sal, pocs i a conveniència.

Fins que no es va acabar el disc, no van voler-se dir res.

—M'ensenyes a encendre una pipa?

—Tu?

—Què passa? Em ve de gust.

Eren dies de provar coses noves. Mai no hauria pensat que ella... Trobava sensual la manera com el Jean-Pierre, amb una traça convertida en rutina, trossejava el tabac filamentós d'un paquet de picadura, quadrat i premsat, i l'anava entaforant dins la cassoleta. Primer, deixava el tabac flonjo dins del forn; després, amb el dit petit, el premia cap al taló. En tres dies, la Paulina li havia vist dues pipes diferents a la boca. Les pipes són com les amistats, de tant en tant s'han de deixar reposar, va explicar-li el Jean-Pierre, sobtat per l'interès de la Paulina de posar-se a fumar. Una era d'arrel de bruc, l'altra de fusta de cirerer. Totes dues eren planes, amb un angle recte perfecte que anava a joc amb les faccions del Jean-Pierre.

—Són més còmodes. Les pipes de ganxo pesen més. S'ha de tenir més força a les dents, i a la mandíbula, per sostenir-les. I aquestes així, planes, costen menys de netejar. Ho veus?

En un tres i no res, el Jean-Pierre va obrir la pipa de bruc. Va treure la cànula i va passar una escombreta pel conducte del fum. Abans de tornar-la a collar al cos de la pipa, va fer-hi una bona bufada, seca, puntual.

—T'hi atreveixes?

La Paulina va esfilagarsar el tabac i va anar copiant les passes que feia el Jean-Pierre, cadascú amb una pipa. Va deixar que ella omplís la de cirerer, l'única Dunhill que tenia.

—El broquet està una mica rosegat —es va disculpar.

—No hi fa res. —De fet, li agradava veure que el Jean-Pierre li confiava una cosa tan seva.

—Ha de ser amb el dit petit?

—No cal. El que t'hi càpiga. De fet, hi ha un estri que jo no no tinc per... —Per al Jean-Pierre també era una cosa nova. Mai no havia compartit cap pipa amb una dona. Li agradava la innocència i les ganes d'aventura de la Pauline.

—I per encendre-la?

—Bufa i xucla. És instintiu. No hi ha secret. —Amb el Zippo va encendre les dues pipes—. Bufa i xucla, sense empassar.

—Eh, això tira... —Com s'aguanta, això, amb les dents?

Tot era joc, amb el Jean-Pierre. La Paulina es va aixecar, va fer dues passes marcant bé els malucs amb aquells texans que sabia que li estaven tan bé i, amb la pipota a la mà, es va asseure al damunt de les cames d'ell.

—Has fet mai un petó a una fumadora de pipa?

Les veus búlgares, amb un to alfa gregorià, havien emboirat hipnòticament el matí. O potser era el fum del tabac? No van trigar a posar a dormir les pipes al cendrer de la cuina. La Paulina el va petonejar per tot el cos, mentre, botó a botó, li anava descordant la camisa. Li agradava aquell cos fort, construït. I, sense pressa, li despentinava els pèls blancs que li començaven a aparèixer a sobre el pit. En acabat, es va entretenir amb la sivella del cinturó. Un cop alliberat, es va agenollar al seu davant.

—Puc?

Pregunta o súplica. Va tirar la vista amunt —súplica— amb els ulls enjogassats.

—Només un aperitiu, va... —la Pau, provant la veu més voluptuosa.

El Jean-Pierre va fer que sí, aclucant els ulls, abans de viatjar al setè cel.

De la cuina al llit. Van tornar al lloc del crim, per comoditat. I per conjugar la vida dient-se coses tendres, íntimes, de les que no es diuen amb el vestit posat. De tant en tant, feien l'amor. Com en un poema continu, se sorprenien a cada vers, depuraven la retòrica i despullaven el llenguatge fins a arribar a l'essència de l'amor.

Quan es van tornar a llevar, ja havia passat l'hora de dinar.

Aquella tarda van parlar. La Paulina, amb un rampell d'enyorança de la Gina, va notar que en tenia necessitat. Havia de dir al Jean-Pierre una cosa que per a ella era molt important. Que no la tingués en mal concepte, que ella no es dedicava a anar pels llocs, amb l'anell de casada al dit, mirant de seduir senyors a qui no preguntava ni el cognom. Volia que quedés clar que ella no s'hi dedicava, no se n'anava a alegrar-se la vida amb el primer que passava sense furgar en el seu passat ni importar-li el seu present. Li calia, de cop i volta, asseure's en un banc a l'ombra de les Tulleries i excusar-se de no sabia ben bé què. Però notava que li calia parlar en veu alta, i confessar-se amb qui potser era l'únic que la podia entendre perquè s'havia convertit, després de tres dies inoblidables, en el protagonista del seu secret. Es van asseure de costat en un banc de fusta, al mig del passeig de terra, amb una cama sobre l'altra. Ella es va vinclar enrere, sobre el cos d'ell convertit en el respatller ideal per encaixar dos cossos que s'atreien com un imant. A la Paulina li agradava notar el braç sòlid del Jean-Pierre que l'envoltava per darrere del clatell, li passava per damunt de l'espatlla i, amb la mà, li agafava l'altre braç. Per una vegada, li era més fàcil parlar sense mirar-lo, amb la vista en el no-res, o en els passavolants —turistes i venedors de *torreiffels* de plàstic— que caminaven invisibles pel seu davant. Li va agrair les hores compartides, li va valorar la sensibilitat i el tacte, li va explicar el munt de sensacions noves, impensades i inextricables, que l'estaven trasbalsant. I, sobretot, li va demanar, a punt de llàgrima, que no pensés que aquella era la seva manera d'actuar. Per a ella era vital, en aquell moment, que el Jean-Pierre es cregués que aquella no era una història més, una aventura de cap de setmana a París, un sexe pel sexe. No se n'anava al llit amb qualsevol. Era molt més que això. No se n'anava al llit amb ningú. L'hi podia preguntar a la Julie, si no s'ho creia. Ben mirat, a la seva cosina millor que no li comentés res. Però li havia de quedar clar que ella, la Paulina Homs, no era així. O si ho era, no ho sabia. I ho estava descobrint amb ell, passejant al seu costat, escoltant-lo parlar de Braque, ballant un sirtaki a la vora del riu, encenent una pipa o fent-li un petó al peu de Saint-Sulpice. Ella no corria cap a ell perquè fugís d'enlloc. Al contrari, a Barcelona tenia una vida ordenada, sense grops. Necessitava que al Jean-Pierre li constés que ella tenia una filla que era la seva vida i una família que estimava, a qui sentia que podia estar fallant, però en aquell moment els seus desitjos brollaven amb tanta força que no els podia reprimir. Ni volia, ni els podia reprimir. Sentia coses que no havia sentit mai i, ara que hi havia arribat, no podia deixar de viure-les. A raig. Ni que fossin només quatre dies. Potser amb recança, però sobretot amb il·lusió. Notava que havia posat un peu al paradís i un altre al penya-segat, i li calia compartir-ho, com ho estaven compartint tot aquells dies, i per això n'hi va parlar. I res més. Que la Paulina no hauria estat a gust si no buidava el pap, si el Jean-Pierre no l'escoltava, com a mínim una vegada, sobre els dubtes que de tant en tant la rondaven. No eren remordiments, va insistir perquè quedés clar. Eren, només, sensacions. Cabòries que, de tant en tant, com l'eco d'una rampa, li enviaven un senyal i desapareixien. Ell la va escoltar amb l'empatia dels que en saben. Va deixar que es desfogués, sense obrir la boca. Acabada la catarsi, li va fer un petó dolç a l'orella, va somriure amb la ganyota de la Gioconda i tan sols li va dir tres coses, de les que es diuen quan no se sap gaire per on tirar.

Un, ens en sortirem.

Dos, no tinguis por.

I tres, jo estic bé si tu estàs bé.

Potser no eren les paraules que la Paulina s'hauria estimat més sentir. Però la calma i la fredor asèptica amb les quals les va pronunciar el Jean-Pierre li van servir per asserenar-se. La calma, a vegades, s'encomana. Ella es va adonar, aleshores, que el Jean-Pierre, per damunt de tot, transmetia seguretat.

—Anem. —Es va alçar del banc de fusta així que va intuir que un cocker se'ls acostava a ensumar-los els peus.

—On?

—A Rivoli. No volies conèixer l'Antoine? No podem arribar a mitja actuació.

U llapis, dos xocolata, tres coet, quatre Bíblia, cinc riera, sis embut, set telèfon, vuit rellotge, nou vell (l'Antoine Fernández sabia que, entre el públic, sempre n'hi ha un de graciós), deu segell, onze pilota, dotze llit, tretze aigua, catorze ulleres, quinze calendari, setze pebrot, disset dòmino, divuit coliflor, dinou cinturó, vint bisturí, vint-i-u roda, vint-i-dos raqueta, vint-i-tres església, vint-i-quatre catre (i sempre n'hi ha, també, un de juganer), vint-i-cinc batuta, vint-i-sis triangle, vint-i-set gronxador, vint-i-vuit...

—Per què diu el nombre, abans de cada paraula? —la Paulina, astorada, a cau d'orella del Jean-Pierre.

—És un truc mnemotècnic. Li és molt més fàcil de recordar cada objecte si l'associa al nombre...

—Però aleshores...

—Xxxt, que ens toca...

—Digues tu... —la Paulina li va passar la pilota, per tenir temps per pensar.

—Trenta-set, papallona. —El Jean-Pierre, amb el torn a sobre, va disparar amb el primer que li va passar pel cap.

—Trenta-vuit... —Ella s'ho va rumiar—. Trenta-vuit, pipa.

Els nervis de no esguerrar el número de l'Antoine, el neguit de parlar en veu alta davant de gent, de dir-ho en un altre idioma, d'encertar la paraula... La mà de la Paulina, entresuada, va agafar la del Jean-Pierre, que la va prémer amb complicitat. Estava satisfet que ella hagués triat una paraula del seu món. No feia ni tres dies que s'havien conegut i s'adonava que ja estaven creant un univers comú.

Quaranta-quatre gira-sol, quaranta-cinc rifa, quaranta-sis vaca, quaranta-set condó (i, no falla mai, sempre n'hi ha un que va de provocador), quaranta-vuit matalàs, quaranta-nou moneda...

—Has vist com sua? —parlaven baixet, per no destorbar.

—Cada dia acaba xop. L'esforç mental, sembla que no però...

—Per què s'ha fet embenar els ulls?

—Per la concentració. L'ajuda a no...

—Dispersar-se.

—Justa la fusta.

—I perquè no diguin que s'hi guipa, suposo. —La Paulina, amb la barbeta, va assenyalar la cambrera del bar que, amb un guix i lletra lligada, anotava numeració i paraula en una pissarra de paret. Seixanta-sis taüt, seixanta-set bolígraf, seixanta-vuit vaixell, seixanta-nou sexe (un de previsible), setanta clavicèmbal, setanta-u esclop...

—Sou molt amics, amb l'Antoine?

—Depèn... M'agrada venir aquí i veure'l. Potser he vingut deu o dotze vegades. Un dia —va parlar encara més baixet perquè n'hi havia dos que se'ls miraven malament— vam muntar una *performance* a la galeria. Amagàvem un objecte i ell, amb els ulls embenats i sense saber què havíem amagat, l'havia de trobar guiat per la telepatia d'un de nosaltres.

—I?

—Brutal. Va trobar la maquineta dels llapis dins del... Espera, que s'ha acabat.

L'Antoine Fernández, assegut a la cadira, amb els ulls tapats i amb les gotes que li lliscaven closca avall, respirava amb força. Panteixava com si hagués corregut una marató i travessés la meta sense tocar ni quarts ni hores. O allò formava part de l'espectacle d'aquell soterrani en penombra de la rue de Rivoli, o ell tenia un problema d'hiperventilació que s'agreujava per moments.

—I ara?

—És el moment que pregunten si hi ha algun metge a la sala...

—Calla, tonto.

Amb paciència, amb dubtes, amb algun balbuceig, a batzegades, l'Antoine Fernández va anar enumerant cada objecte, de l'u al cent. L'aplaudiment va ser unànime. Bravo, es va sentir del fons de la sala de festes. Amb més dificultat encara, va capicuar la llista de noms i va dir cada paraula, sense errada, del cent a l'u. De cargol a llapis. El públic, potser una trentena de persones, es van aixecar per ovacionar-lo. No hi feia res que l'espectacle no s'acabés mai. Després, com si al mentalista de la camisa amarada de suor li resultés més fàcil, va demanar al públic que digués un nombre qualsevol i ell, com una metralleta, cantava l'objecte que li corresponia. I al revés:

—Papallona —va cridar la Paulina.

—El trenta-set —va respondre l'Antoine, crescut.

—És una màquina.

—Si sempre li sortís com avui no seria aquí —va respondre el Jean-Pierre rosegant el broquet sense deixar d'aplaudir—, ompliria l'Odéon cada nit.

Amb la desorientació del nàufrag, quan un Antoine Fernández rebentat i satisfet es va treure el mocador dels ulls i va recuperar el seu aspecte d'ésser humà, ja no va veure el Jean-Pierre i la Paulina. Els amants havien tocat el dos amb pressa per menjar-se una pizza amb una cervesa i tornar cap a casa. També les cabòries de la Paulina havien quedat allà, a les Tulleries, al banc de les paraules.

En l'últim vespre, a la rue du Trésor, els pensaments els sortien en serpentina. Semblava que els faltés temps per dir-s'ho tot. Sabies que Dant només va veure una vegada Beatriu, ni tan sols es van parlar, i va escriure *La Divina Comèdia*? Dant en tenia nou, Bice Portinari només en tenia vuit. Jo no he tingut mai prou paciència de llegir-la, no m'ho tinguis en compte. I *Madame Bovary*? Sí, *Madame Bovary* sí. I tinc clar que si visqués avui s'hauria divorciat. En aquell temps tocava aguantar i aguantaves. L'amor, abans, no era amor. Si no hi ha el neguit que s'acabi, la gent tendeix a pensar que és més fàcil, però no. Al contrari, en realitat és més difícil. I tu què saps?, li va dir la Paulina al Jean-Pierre, jugant-se-la, sense saber res dels seus quaranta-cinc anys anteriors al casament de la Julie. L'amor és com la vida. Si no tingués data de caducitat, en això sí que van arribar a un punt d'acord, seria molt avorrit. La gràcia, allò que ens mou, el motor que ens fa glatir i patir i esforçar-nos, és que no sabem quan s'acaba. L'amor i la vida. Pot ser de vell o es pot acabar demà. Pot ser de cop i volta o pot ser que es vagi esllanguint i que arribi suau, com escuma de mar. La clau és la il·lusió que l'amor existeix. Hi ha gent que passa per aquest món i ni tan sols l'ensuma. Encara que tu i jo, i els veïns de sota, i la Julie, i l'Antoine Fernández, i tots escrivíssim la nostra definició d'amor, no n'hi hauria dues d'iguals. Posaríem totes les frases en un sobre, l'obriríem i trauríem tantes formes d'amor com persones hi haguessin participat. Van voler pensar, però, que la seva defінció, pel que s'havien dit i compartit fins llavors, s'assemblaria molt. Potser amb matisos. La Paulina ocultava el drama de pensar que era la seva última nit. El Jean-Pierre, que no volia passar comptes amb ell mateix, ho vivia com una gota de mel.

—Una gota de mel?

—No t'agrada?

—La mel? Més ara que de petita. No en prenc gaire...

—Les gotes de mel... Vas fer llatí, a l'escola?

—Sí.

—Saps qui era Lucreci?

—No.

—Un filòsof llatí d'abans de Crist. Es va suïcidar als quaranta-pocs. Diuen que es va grillar per culpa d'uns filtres d'amor que es va prendre. Però tot això és llegenda, perquè ningú n'ha pogut aportar proves. L'única veritat és que Lucreci, en tota la seva vida, va escriure un sol llibre, *De rerum natura*. I el va escriure en vers: aquesta, estimada Pauline, va ser la seva gran aportació. Ell sabia que havia d'explicar una cosa tan complexa com és la doctrina d'Epicur a través de la física atòmica. I va pensar que la millor manera per fer la divulgació, en aquell temps, era a través de la poesia. Va creure que, en vers, seria més fàcil que entenguessin el seu missatge.

—No em vacil·lis... —La Paulina creia que ja l'anava coneixent; de tant en tant, però, encara pensava que el Jean-Pierre es divertia aixecant-li la camisa.

—De debò, t'ho dic de debò. *De rerum natura*, la seva obra, la va escriure com un llarg poema pensant que així l'entendrien millor. Però Epicur, que estava més per la física que per les rimes, es va empipar per la manera didàctica com Lucreci havia tractat les seves descobertes. I aleshores Lucreci es va treure de la màniga, de la màniga de la túnica, una metàfora que ha fet fortuna. Va explicar que als nens, quan es negaven a prendre's un remei perquè era massa amarg, se'ls posava una gota de mel, perquè s'ho empassessin millor. I ell defensava que els versos eren les gotes de mel, la mel de la poesia, que aconseguia endolcir el missatge.

—El plaer dels sentits.

—Per a mi, les gotes de mel són els moments que la vida ens regala. El ball al casament, cada petó, cada carícia teva, la visita a Shakespeare and Company, l'esmorzar d'aquest matí, les veus búlgares escoltades amb el cor. Comprar un quadre. Anar a un concert. Una posta de sol al riu. Tenir a les mans un llibre que he buscat durant mesos. Sopar amb un amic. Mirar el teu somriure, com ara mateix. Gotes de mel. No estem per regalar moments, Pau. Sempre és més tard del que et penses.

—Oh, Jean-Pierre, com t'estimo. I a mi m'ho dius?

S'hi va llançar al damunt, es va asseure sobre les cames del Jean-Pierre i es van morrejar amb la passió d'una vida sencera. La Paulina, però, es notava suada. Estava incòmoda. Temia que el Jean-Pierre ho pogués notar.

—No t'he explicat, oi, la història de la Rosseta?

—No em sona.

—Em dutxo i t'ho explico.

El Jean-Pierre va posar uns motets de Palestrina i va asseure's al sofà. La Paulina va tornar a aparèixer vint minuts després, neta, refrescada, preparada per a la seva última nit a Trésor. S'havia nuat una tovallola blanca al cos, per sota de les aixelles, i una altra de més petita al cap, perquè no li regalimés la melena, molla com la duia.

—Quina bona olor...

—... —Li va agradar que el Jean-Pierre se n'adonés.

—Fas una olor diferent...

—La crema hidratant a les cames, potser. Les notava cansades. I potser és el dia que hem caminat menys.

—És com de coco. Molt bona.

No era només l'olor. La Paulina sabia jugar amb l'obertura de la tovallola i mostrava unes cames sensuals, brillants, contingudes. Sabia com asseure's per lluir la cuixa llarga, els genolls arrodonits, el panxell fort, el turmell proporcionat. No li sobrava pell per enlloc. Hi tenia molta mania, la Paulina, amb les cames. La seva mare sempre havia dit que quan tingués els peus de tortuga, arrugats, amb els dits guerxos per l'artrosi i les ungles de musclo, que li practiquessin l'eutanàsia. No va caldre. Es va ennuegar amb una castanya quan encara tenia les cames perfectes, dies després de fer-ne seixanta. El pare, el senyor Homs, comptable en una empresa tèxtil del carrer Casp de Barcelona, va veure les cames d'Ava Gardner al cine i hi va tornar tres diumenges seguits. *Mogambo*.

—Durant uns anys, amb els meus pares, vam estiuejar en una caseta a Espinavessa, no gaire lluny del llac més... Et sona Banyoles?

—No.

—Tu t'ho perds. Espinavessa, a prop de Girona, a prop de Banyoles, combina els camps de blat amb els boscos. Uns paisatges per pintar. Jo devia tenir sis o set anys, no més. Vivíem en una casa modesta que jo em pensava que era nostra, fins que, ja de gran, vaig descobrir que només la llogàvem per a l'estiu. Allà, que era prou pla, vaig aprendre a anar amb bicicleta i, quan en vaig saber prou, m'enviaven a anar a buscar la llet cada matí. I, a la nit, amb el pare, comptàvem ratpenats. Cada tarda, amb la mare, anàvem a berenar a la font que hi havia a sota del poble, al camí dels safareigs. Un dia la mare em va dir, avui farem una excursió. Havia agafat una motxilla, amb aigua i entrepans, se l'havia penjat a l'esquena i va dir, he trobat un camí que no hem fet mai i anirem fins a Orfes, caminant. Una aventura. Set quilòmetres d'anar i set de tornar per un senderol que passava pel mig d'enlloc. No semblava que, per aquell traçat, haguéssim de trepitjar cap camp, ni passar per l'era de cap casa. Amb prou feines en vèiem cap, de mas. De cop i volta, quan caminàvem prou lluny d'una casa que semblava abandonada, vam sentir que començava a bordar un gos. De seguida aquells lladrucs sonaven més a prop. I, ràpidament, vam veure un gos que ens venia de cara, galopant, a cent per hora. Tranquil·la, em va dir la meva mare. Jo estava garratibada. Em vaig agafar de la seva mà i la vaig notar tan paralitzada com jo. No tinguis por, em va dir, mentre el gos llop, i les seves dents, no paraven d'acostar-se amb unes intencions que em tenien cagada de por. Recordo aquella sensació, Jean-Pierre, de pensar ja està, aquí morirem la meva mare i jo, devorades. La por de la meva vida. Quan potser el teníem a quatre metres, la meva mare em va deixar anar la mà i va cridar. Quiet! I li va aixecar la mà. El crit que li va fer a aquell gos no me l'havia fet mai a mi. Ni l'amenaça tampoc. De cop, el gos llop va frenar, potser espantat pel gest, o pel crit, no ho sé, la veritat és que el gos va fer dues passes enrere. Durant uns segons ens vam quedar quietes. Ell, cansat per la correguda, ens mirava amb uns ulls tristois, la boca oberta i la llengua fora. Nosaltres, amb el cor a cent, també ens el miràvem sense saber si havíem de recular o de tirar endavant. Si més no, ja no ens bordava, s'havia aturat i ja no tenia el posat d'un assassí en sèrie. Al contrari, semblava un gos molt baquetejat, com si hagués rebut de valent. Caminem a poc a poc i no el miris, em va dir la meva mare, que em va tornar a agafar la mà. A veure què fa? I no va fer res. Vam passar pel costat i no es va ni acostar. Senzillament, es va posar a caminar, a la nostra velocitat, unes passes per darrere nostre. Era una gossa. Un pastor alemany molt claret, prim, amb el pèl molt curt. Tenia una edat i, segons la mare, estava ple de puces. Jo no ho vaig saber veure. Sí que em vaig fixar, en canvi, que duia un collaret de tela rosa, amb una mena de medalla de plàstic d'una Barbie, com si fos el gos d'una nena que li hagués posat aquell penjoll per jugar i després no s'haguessin recordat de treure-li. Per a sorpresa nostra, el gos ens va seguir tot el camí, a distància, com si ens vigilés. O com si ens volgués acompanyar. No sabíem d'on havia sortit, però semblava un gos abandonat, o perdut des de feia molts dies. De cop i volta, ja no semblava una fera que ens havia volgut atacar, sinó que feia l'efecte que, caminant rere nostre amb les orelles cotes, ens demanava amistat. De cua d'ull, quan no el sentíem, ens asseguràvem que encara el portàvem amb nosaltres. I, així, potser vam caminar tres quilòmetres, que és molta estona, amb prudència, vigilant-nos mútuament. La mare i jo ens vam anar relaxant en veure que aquella gossa era una bonassa que no ens faria res. Quan ja ens pensàvem que dominàvem la situació, el nostre caminoi es va acabar. Havíem anat a espetegar a la carretera asfaltada, la principal, que ens havia de dur fins a Orfes. Era una carretera molt francesa. Estreta, recta, amb un enfilall d'arbres grossos a banda i banda i el poble allà penjat, al fons, amb el cementiri a l'entrada. Quan dic molt francès, ja saps què vull dir. Nosaltres caminàvem per un costat de la carretera, perquè ens veiessin els cotxes que venien de cara. De circulació, per allà a l'Empordà, i en aquells anys, ben poca. Però la gossa, en comptes d'apartar-se, anava pel mig de la calçada i, quan venia un cotxe, li tocaven la botzina perquè s'apartés. La Rosseta no els feia ni cas, i llavors ens tocaven la botzina a nosaltres perquè es pensaven que la gossa era nostra i que no fèiem res per treure-la del mig del pas. Allà va ser la primera vegada que vam pensar que el gos podria ser nostre. Mare, li podríem posar un nom. Jo li diria Rosseta, perquè és així... rosseta. A la mare li va encantar el nom. I tant a ella com a mi, ens va començar a agradar aquella gossa, que tenia el posat més de lloba que de gos però que ens mirava amb ullets d'almoina... Mentre vam passejar pels carrers d'Orfes, la Rosseta seguia amb nosaltres, com si ho haguéssim fet tota la vida. Si hi havia alguna cantonada que la perdíem, ens tornava a esperar a la cruïlla següent. Jo la volia tocar. Però la mare va dir que no, que estava molt bruta, i va insistir en les puces. A l'hora de girar cua cap a Espinavessa, vam pensar que potser la Rosseta es voldria quedar a Orfes, o potser era d'alguna família d'allà. Però no. En l'experiència més intensa de la meva infantesa, la Rosseta va seguir-nos a la mare i a mi tot el camí de tornada fins a casa. Ella ens havia adoptat a nosaltres, i esperava que nosaltres l'adoptéssim a ella. S'havia fet estimar molt ràpidament. No hi va fer res que, en l'últim tram de l'excursió, comencés a ploure. I, de fet, va caure aigua a bots i barrals a l'última estona, i totes tres ens vam mullar a base de bé. La Rosseta, com si fos un senyal, ens va seguir fins a la porta de casa. Li vaig demanar a la mare, sisplau sisplau, que la deixéssim entrar. Em va dir que no. Un cop dins, vaig córrer cap a la finestra a mirar-la. Ella continuava allà, posant aquells ullets... Va ser aleshores quan li vaig demanar a la mare, sisplau sisplau, que ens la quedéssim, que ens l'enduguéssim amb nosaltres a Barcelona. La mare em va dir que no, en un pis, ni en pintura. Jo vaig insitir, que em feia molta il·lusió, que no demanava mai res, que era el que més volia del món. Em sembla, pel que em va dir després, que ella mateixa va arribar a dubtar. Jo insistia, sisplau, mare, no el podem deixar sol. Em feia molta pena. Pensava més en la Rosseta que en mi. I la mare va dir, en un punt de feblesa, pregunta-l'hi al pare, però el pare va dir que no. I el no del pare va ser més rotund, i va afegir vine a canviar-te que vas tota molla. Al tercer advertiment em vaig anar a canviar de roba. A través del vidre li vaig dir, Rosseta no et moguis, que ara torno. Em vaig posar la roba seca volant, però quan em vaig tornar a abocar a l'ampit de la finestra i em vaig ficar dins de la cortina, la Rosseta ja no hi era. A fora continuava plovent amb ganes i la Rosseta no hi era. La meva mare m'explica que em va caure una llàgrima, que vaig obrir la porta i vaig sortir corrents a cridar-la, però la Rosseta ja no hi era. Ni hi va ser mai més. El que m'expliquen és que aquell dia vaig estar molt trista, parlant de la Rosseta sense parar, i, a l'hora de sopar, a taula, vaig dir una cosa, amb sis anys, que els pares m'ho van recordar sempre: «Em fa tanta pena la Rosseta, que m'estimaria més no haver viscut el dia d'avui». Imagina't. I alesores la meva mare, que era una dona que sempre encertava els tons, em va explicar que encara que en aquell moment em sabés greu, era millor haver viscut aquella història, i haver conegut la Rosseta, que me'n recordaria tota la vida, que no haver-ho viscut mai. I em va costar veure que tenia raó. Parlo de setmanes. Potser de mesos. I tenia raó.

El Jean-Pierre, que ho havia escoltat com si fos un conte, va trigar a reaccionar. Hi va posar sentit de l'humor, com a escut de defensa a la transcendència que podia arribar a tenir el moment.

—M'has comparat amb un gos, o m'ho ha semblat?

—No, no, no, què dius?

—Ara no sé si la Rosseta ets tu o sóc jo...

—No has tingut mai gos, tu?

—*Je ne vais plus pleurer, je ne vais plus parler...*

El Jean-Pierre, feliç, es va posar a cantussejar, a cau d'orella, amb la seva veu més greu, molt a poc a poc...

Je me cacherai là, à te regarder, danser et sourire, et à t'écouter, chanter et puis rire, laisse-moi devenir l'ombre de ton ombre, l'ombre de ta main, l'ombre de ton chien. Ne me quitte pas, ne me quitte pas, ne me quitte pas, ne me quitte pas.

Més que cantar, recitava, per no desafinar.

Amb serenitat li va obrir la tovallola i li va passar el palmell, amb finor, des dels peus descalços fins al maluc. Amunt i avall. Les cames perfectes. La pell de l'Ava. El coco sensual que notava, ben endins, quan li besava les cames. Sense esvalotar-se, sense pressa, sense anar més enllà de les carícies, en silenci, relaxats, distesos, mossegant-se el llavi i omplint-se el cos de petons, van passar les hores sense pensar en el que vindria després. Sense dir-s'ho, com en un joc tibetà, se centraven en el recorregut i esquivaven els genitals, filant prim, passant-hi ben arran fins que, en el súmmum de la compenetració, van sincronitzar-se. Quan el Jean-Pierre inhalava, la Pauline treia l'aire. Quan ell exhalava, ella congriava la inspiració en cada punt de contacte, com si no hi hagués un més enllà. No els va costar agafar el ritme fins que l'excitació, amb la respiració compassada, els va dur a l'orgasme mutu, sorollós i simultani. Una experiència nova, tàntrica, per a l'un i per a l'altre.

—*Moi je t'offrirai des perles de pluie...*

—*Venues du pays où il ne pleut pas.*

Després, excitats i sorpresos per la seva descoberta comuna del sexe espiritual, van reblar el clau.

La joie de vivre. Una gota de mel.

12. Un quart d'hora abans de la fi del món

—A tu què et sap greu, Júlia?

—A mi? —sorpresa, en grau superlatiu.

—Que hagi vingut només a recollir les maletes?

—No, no...

—Ja sé que m'havia d'estar aquí tots els dies, però també vaig pensar que dos nuvis, acabats de casar, millor que estiguin sols...

—Ho feies per no molestar, vaja —seguint-li la ironia.

—Sí, perquè la casa és gran, però com ho diuen, a la Xina, allò dels convidats?

—Que són com el peix?

—Que al tercer dia put, sí. Doncs això.

—Tu a casa meva no ets mai una convidada. I a casa nostra tampoc ho seràs. L'Alain i jo estem bé sols, estem bé amb tu, som feliços...

—Divendres, dissabte, diumenge, dilluns, dimarts. Cinc dies de casats, només faltaria.

—Tens raó. Encara estem en un núvol. Recordem coses del casament, del que ens deien els amics, del vestit d'aquell o de...

—Però?

—Però què?

—Que t'ho noto, Júlia...

—No res. Només que hauries pogut trucar la primera nit, que vam passar ànsia, però ja està. Ja t'ho vaig dir. Passat. Tu i jo no ens hem de donar explicacions. Fes el que vulguis, jo vull que tu estiguis bé.

—Al capdavall, escolta, que el Jean-Pierre me'l vas presentar tu. No et treguis les puces de sobre, ara. Me'l vas posar de parella, me'l vas posar a la taula, de costat... Ara de què et queixes?

—Jo de res, ja t'ho dic, és la teva vida.

—O potser és que noto alguna cosa?

—En mi?

—Sí, sí. —La Paulina, que havia fet broma, de cop i volta havia notat una mirada estranya en la seva cosina. Una espurna de gelosia, potser—. Ui, nena, què hi ha hagut entre tu i el Jean-Pierre?

—Per favor. Res. Què havia de...? Tu no giris la truita, ara.

—Diguem que t'he pescat? —La Paulina, enjogassada, però amb la mosca al nas.

—Amb el Jean-Pierre? Pobre. Que no, que no...

—Aquí va passar alguna cosa... Quan? T'has posat vermella...

—No em facis pessigolles, deixa'm, que ja saps que no ho suporto.

La Paulina havia encalçat la Julie, que havia corregut al voltant de la taula de la cuina. La tenia acorralada, asseguda en una cadira, i s'hi havia abraonat com quan, de petites, jugaven a la platja de Sant Pol i es tiraven l'una al damunt de l'altra per immobilitzar-se i fer-se pessigolles fins a pixar-se.

—A veure, explica'm, com és la seva habitació?

—Que no, dona, que et dic que...

—Quin quadre té al damunt del llit?

—Para, para, que no he estat mai a casa seva, et dic. I deixa'm les costelles, per favor... Aquí no.

El jardiner, que podava les herbes del jardí —cada dimarts del món de deu a dotze—, veia l'escena de les cosines a través del finestral, les sentia riure i es moria de ganes d'entrar i afegir-se a la festa sense invitació.

—No fotis broma, Pau, que sóc una dona casada.

—Ui, sí...

—Tan casada com tu.

—Ara que ho dius —com si de cop i volta se'n recordés—, com es diu el pare de la Gina?

La Paulina va deixar anar la Júlia, que es va posar dreta, es va arreglar la samarreta i es va posar un vas d'aigua de l'aixeta que sortia de la mateixa nevera.

—I això?

—Un regal de casament. A l'Alain li feia il·lusió i ens l'han regalat. És americana.

—No ho havia vist mai. I en pot sortir xampany?

Van tornar a riure.

—Quan marxes?

La Paulina va mirar el rellotge de la cuina. Li recordava el que havia vist a la Brasserie Lipp la nit de Picasso. S'adonava que, tot just s'havia allunyat del Jean-Pierre, tot li recordava a ell.

—Ja em pots demanar el taxi. M'estimo més arribar a l'aeroport amb temps. M'estimo més florir-me allà que haver de patir per córrer. Demana'l per... No ho sé. Quan en tinguin un, que vingui.

—Encara li fan tanta por els avions al Manuel?

—A qui?

—Al Manuel, el teu marit.

—Ah, era Manuel, és veritat.

—Que pocavergonya que ets... No et reconec.

—Por és poc. Sempre diu el mateix. Si mai llegiu que he mort d'accident d'avió, és perquè me n'ha caigut un a sobre.

Per què coi li havia hagut de parlar del seu marit i de les seves misèries? No calia, francament. La Júlia havia agafat el telèfon i havia marcat, de memòria, el número de la central de taxis de Croissy-sur-Seine.

—*Pour aller à l'aéroport, oui.* —Va tapar l'auricular per dirigir-se a la Paulina—. A Orly, oi? —Va enretirar la mà—. *Oui, oui.*

Després de penjar, contra rellotge, va començar l'interrogatori.

—I què?

—Molt bé.

—Molt bé?

—Mooolt bé. Quin home, Júlia. És atent, és intelligent, sap dir les coses, t'explica la ciutat, l'art, la vida. Et parla de les gotes de mel i et deixa... Uau. I té tacte, m'entens?, i sap com fer-te sentir bé, a totes hores.

—Fas cara de molts orgasmes.

—No siguis porca, nena.

—Val, no m'ho diguis si no vols... —Descaradament inquisidora—. Però què, què?

—Ja t'ho he dit. Mooolt bé. He entès, abans, que em preguntaves pel sexe.

—Mooolt bé significa que és l'home que ha descobert que hi ha més coses que la penetració?

—És ell, sí. Jean-Pierre, el descobridor. I en té la patent.

—I jo te l'he presentat.

—El que no entenc és que un home així estigui sol. I sembla que ja li està bé. I ja té una edat.

—Sí.

—Tu sabies que és un boig de les papallones?...

—No, no...

—No dissimulis, ho sabies?

—Que no...

—Va per tot el món buscant llibres. Més que papallones, que en va heretar les capses del seu avi, i les té totes allà en una habitació com si fos un museu, amb una il·luminació especial, a ell no li fa res agafar un avió per anar a la quinta forca a buscar un llibre que li sembla que només tenen en aquell racó del món.

—T'ha dit que vagis amb ell?

—A mi?

—Sí, què passa?
—Júlia, per favor...
—T'ho ha dit?
—Com vols que m'ho digui? —Mentre ho deia, s'adonava que li sabia una mica de greu.
—Us heu acomiadat?
—Què?
—Que si ja us heu acomiadat.
—Sí, sí. Sí, esclar.
—I?
—Bé. Què vols que et digui? Trist, alegre... Serè, no ho sé. Ha estat una mica així... Hem quedat que ens escriurem.
—Us escriureu?
—I aquí t'he de demanar un favor. Com a cosina, com a germana, com a confident. Hem quedat que no em telefonarà, a casa no, li he demanat que no ho...
—Per què no?
—A tu què et sembla? Amb la Isabel a sobre, tot el dia, faria massa preguntes. Massa arriscat.
—Et preocupa més la minyona que el marit, això està bé...
—Hem quedat que, si m'ha d'escriure, que m'escrigui aquí.
—Però?
—Et sap greu?
—No, no... —sí, sí—. És una mica...
El jardiner va tustar el vidre de la cuina. Tenia uns artells dels dits peluts, negres, de ximpanzé.

—Julie, que me'n vaig. —L'home parlava amb una bota al jardí i l'altra a la cuina—. Tot bé. M'ha semblat que hi havia pugó a la pomera i hi he flitat una mica d'allò, per si de cas, però diria que no anirà a més. Potser era alguna larva i prou. Si no voleu res, fins dimarts.

—Dimarts a les deu.

—*Au revoir*. —El jardiner va acomiadar-se de la Paulina, fascinat, també, per la seva bellesa i per les botes camperes que s'havia posat per tornar a Barcelona. Amb les botes i els texans nous, ho rebentava tot.

Encara no havia sortit per la porta del barri, del fons del jardí, que el ximpanzé va tornar enrere i va cridar:

—Aquí fora hi ha un taxi, Julie.

—Sí, sí, gràcies. És nostre!

—Ui.

La Paulina va córrer al menjador, on havia deixat les dues maletes, tancades i preparades. Les va tornar a deixar a terra i es va abraçar amb la Julie.

—Cosineta...

—T'estimo.

—Jo també. Molt. Ja ho saps.

—Cuida't, sents, que siguis molt feliç amb l'Alain.

—Un últim consell?

—Que tingueu fills.

—Un altre.

—Que no us veieu mai al lavabo. Sempre amb la porta tancada.

—Un altre...

—Passeu-vos-ho bé junts, però guarda un espai per a tu...

—També m'agrada. Un altre, corre.

—Que no el complaguis sempre que li vingui de gust.

—Pau!

Es van tornar a abraçar i es van fer tres petons, llargs, galta amb galta, segellant la fraternitat, la complicitat i el secret.

—T'acompanyo fins a la porta, que pesa molt.

—Dóna-li records a l'Alain i digue-li que moltes gràcies. Em sap greu no haver-me'n pogut acomiadar.

Encara es van fer dos petons més. Va pujar al taxi, va tancar la porta, va abaixar la finestra i li va enviar dos petonets a la Júlia.

—Veniu aviat a Barcelona...

El taxi ja havia arrencat i la Paulina ja no va poder sentir la resposta de la seva cosina. Així que va divisar el rètol de sortida de Croissy, va estossegar lleugerament perquè el taxista la mirés pel retrovisor. Va aprofitar el moment que els ulls es van trobar.

—On li han dit que anava?

—A Orly, madame. A l'aeroport.

—O, no, no... Disculpi, s'han equivocat. El meu avió no surt fins aquesta tarda. Hem d'anar a París, a la rue du Trésor. Un cul-de-sac de Le Marais. Ho coneix?

—*Bien sûr*. Ho trobarem.

El Jean-Pierre va baixar a carregar les maletes. No cal, de debò. Ja pujo. Si hi ha ascensor... Però ell es delia per passar tots els minuts que li quedaven amb la Pauline.

—Què has fet?

—Enyorar-te...

—No he estat ni quatre hores, entre anar i tornar. Ets un comediant.

Va obrir la porta de casa. Al clauer, una papallona.

—He anat a la galeria i t'he preparat el dinar.

—No m'ho puc creure.

Tenia la taula parada, amb estovalles italianes, de quadrets blancs i vermells. Cap dia no s'hi havien assegut, ni havien posat estovalles. Del sofà a la cuina i de la cuina al sofà, havien menjat amb quatre esgarrapades.

—Molta gent per l'Anouk?

—Aquest matí? Un turista amb una urgència, que volia anar al lavabo, i molts badalls.

—L'has deixat passar?

—Tu què hauries fet?

—Dir-li que busqués un bar, un hotel, com fa tothom...

El Jean-Pierre podia fer veure que no havia sentit la pregunta de la Pauline, o que li semblés innocent, però no ho era. Va pensar que, abans de seure a taula, era el moment que havia de fer front al seu passat.

—Tenim una conversa pendent.

—... —No podia dir «Ah, sí?» i fer l'orni, si feia

tres dies que esperava el moment que el Jean-Pierre arrenqués.

—Anouk.

—És veritat. «És nom de dona, crec», em vas dir, quan et vaig preguntar per la galeria.

—Sé que et dec una explicació. Esclar que és nom de dona. Em vas preguntar pel nom de la ga...

—No, si no vols.

—Si no ho volgués, no t'ho explicaria. Però em ve de gust, Pauline, perquè entre nosaltres no vull que hi hagi secrets. T'explico una cosa que no sap ningú. Ningú és ningú. Només l'Anouk, esclar. —Va treure's la pipa de la boca, amb la pesantor del poeta que acaba d'estripar els seus últims versos perquè s'adona que no valen res—. Si m'ho permets, començo pel començament.

La Paulina es va espantar amb l'aire greu que havia agafat el Jean-Pierre. Per una vegada, semblava que al venedor de quadres li costava estirar un fil.

—Potser t'hauràs fixat que a la meva habitació, a sobre el moble, hi ha una foto d'una nena...

—No. —La trola no va colar, i es va disculpar amb les espatlles—. Sí. És l'Anouk?

—L'Anouk és la seva mare.

—I tu ets el seu pare.

La Paulina havia tret el seu to més neutre, per intentar demostrar que la informació, fos quina fos, no l'afectava. Ni fred ni calor. Tothom té un passat i la vida muntada i, al capdavall, ells dos tot just s'havien conegut divendres, eren a dimarts i al cap d'unes hores ella havia d'agafar un avió cap a la rutina, i desitjava que, a l'aeroport, hi hagués la Gina esperant-la, amb el seu pare. Es va sorprendre, però, que el Jean-Pierre no respongués, ni que sí ni que no. Ella no ho havia preguntat. De fet, ho havia afirmat, i el Jean-Pierre no ho havia negat. Però tampoc no havia dit el contrari.

—Monique. Es diu Monique. A la foto tenia set anys.

Havia clavat el pronòstic. La Pauline es va arrepapar al sofà, amb les cames a sobre, un coixí a l'esquena, i es va disposar a escoltar una història. Per enrevessada que fos, res del que havia viscut a la rue du Trésor i a la rue de Seine no canviaria. El Jean-Pierre es va posar dret per servir-se dos dits de malta en copa de conyac.

—En vols?

—Mullar-me els llavis, del teu.

—Amb els meus pares i el meu germà sempre vam estiuejar a Capbreton, a Aquitània, a tocar del País Basc. —Va fer un glop, va deixar la copa sobre la taula on s'apilaven revistes, l'*Oeil* de cada mes, i es va asseure als peus del sofà—. El meu pare, que era notari aquí a París, tenia passió pel mar i tenia una barca de vela de no sé quants metres al port de Capbreton. Així que l'Atlàntic ho permetia, sortíem a marejar-nos una estona. El meu germà, el Nico, que és quatre anys més petit, ho passava pitjor que jo. Les tres primeres hores de barca estava com una sopa. Al vespre, arribava a casa tan pàl·lid que se n'anava de pet al llit, s'estirava i s'hi passava dos dies, malalt, fins que el pare decidia que feia prou bon temps per tornar a sortir a navegar. Així van ser els nostres estius durant deu o dotze anys. Vivíem en una torreta una mica solitària, amb bones vistes sobre el mar, tot i que aquestes coses, de nen, ni les saps valorar ni t'interessen. Sí que notàvem, en canvi, que per fer qualsevol cosa al poble havies de fer deu minuts de bicicleta, amunt i avall. Els nostres veïns del costat, els Letroux, molt amics dels pares de veure's cada estiu, tenien un gran danès marró, una bèstia que era més alta que jo. A mi m'agradaven els gossos, però no els cavalls. I menys aquell, que amb dues galopades travessava tot el jardí i semblava que se t'hagués de tirar al damunt, a llepar-te, amb una cara que era més grossa que la meva. El Nougat era el gos de l'Anouk. L'Anouk Letroux, filla única de pare alsacià i mare noruega, era la meva veïna, i durant bastants anys no podia ni veure-la. Era una nena, *comment dirais-je*, diabòlica, recargolada. Li tenia tanta por al seu gos que li vaig anar agafant mania a ella. El meu germà, que s'estimava més el Nougat que la barca, sí que s'entenia amb l'Anouk, que a sobre eren de la mateixa edat i tots dos moguts com una mala cosa. De mica en mica, esclar, tots vam anar creixent i va haver-hi un estiu que, quan els Letroux van tornar a Capbreton, l'Anouk també havia canviat. Pits. Llavis. S'havia fet gran i s'havia calmat.

—I el gos ja no et feia tanta por...

—Exacte. Diguem-ho així... No sé quin any era, però jo en tenia disset, ella en devia tenir tretze, tota ella s'havia temperat, i una nit, sota els pins del costat de casa seva, ens vam fer un petó. Res, un petó. I l'endemà ens vam tornar a veure, i vam sortir, i la relació, si en vols dir així, va durar tot aquell estiu a base de petons i prou. Una cosa innocent, infantil, que les famílies no van saber mai. Després, durant el curs, ens vam escriure tres o quatre vegades, jo a París, ella a Colmar, i l'estiu següent, quan ens vam retrobar, ja va ser com si mai no hagués passat res. A partir d'aleshores, en canvi, va anar creixent l'amistat. Ella venia amb la nostra colla, amb els més grans. Mantenia un cert caràcter, això ho va tenir sempre, però ja no s'havia de fer sempre el que ella volia. S'hi podia parlar, s'hi podia riure i era una noia maca, normal, formal, com ho podíem ser jo o el meu germà. L'Anouk m'ho explicava tot, em feia preguntes, i ens ho passàvem bé junts, però no va haver-hi mai res més. Ens vèiem a l'estiu i para de comptar.

»Al cap de quatre anys, un dia de cop i volta em telefona, que no em trucava mai, i em demana si pot venir a París a passar el cap d'any, que m'ha de dir una cosa. Li dic que sí, esclar. Agafa el tren a Strasbourg, es planta a l'estació i, així que la vaig trobar de cara a l'andana, un 31 de desembre, a les set de la tarda, li vaig tornar a veure el dimoni als ulls. Se'm va llançar al coll, se'm va abraçar i es va posar a plorar, a sanglotar... M'has d'ajudar, Jean-

Pierre, m'has d'ajudar... Anava repetint això, i no em deia el què. De mica en mica es va anar asserenant, vaig agafar-li la bossa, la vaig abraçar i vam aconseguir sortir de l'estació. Potser havien passat vint minuts i jo encara no entenia el què. Vam seure en un pedrís, a la mateixa plaça, davant de la Gare de l'Est, i t'ho diré tan directe com m'ho va dir ella. Estava embarassada.

—M'ho he imaginat. Als disset anys?

—Als disset. Tenia un problema de nassos i em demanava sisplau que l'ajudés. No em va voler dir qui era el pare, no m'ho va dir mai, tampoc no l'hi vaig preguntar, però sí que em va dir que el noi no en volia saber res. Se'n va desentendre, amb dos collons, i va deixar l'Anouk, amb disset anys i sense saber on agafar-se. El noi li va dir que fes el que considerés convenient, perquè ell negava que l'hagués pogut deixar embarassada. Et pots imaginar quin cap d'any que vam passar. Ella i jo tancats a la meva habitació, asseguts al llit, ella plorant i jo oferint-li solucions a una embarassada de tres mesos sense saber gaire per on tirar. No gaire, no. No gens. Jo, amb vint-i-un i sense dones a la família, no sabia com anava res de tot allò, però li deia que jo tenia uns diners estalviats, que buscaríem un metge, un lloc on... Però ella ni en volia sentir parlar. El volia tenir, deia. Que el volia tenir, de totes passades. El volia tenir, però havia de poder dir qui n'era el pare...

—No... —La Pauline va veure a venir la jugada.

—Jo, a cada campanada, em demanava què havia de fer. L'Anouk em demanava que jo fes de pare, que ho seria als ulls de tothom, que els seus pares la matarien per haver quedat prenyada, però la rematarien, encara més, per ser una mare soltera. No haurien pogut ser avis d'un bastard. Em suplicava que l'ajudés, que ella i jo estaríem bé, però que sisplau sisplau...

—I et vas deixar entabanar? Per favor, digue'm que no...

—El 20 de maig va néixer la Monique Letroux, una nena fantàstica, peludeta, amb uns cabells negres... Igual que el seu pare, suposo. Això sí, li vam posar el cognom de l'Anouk. Vaig renunciar al Zanardi, només faltaria...

—No m'ho puc creure.

—Aquells mesos, des de final d'any fins que va néixer la Monique, va ser un malson. Vam anar a veure els seus pares, a Colmar, a donar la cara, a dir que havíem tingut un accident, que no sabíem com havia pogut passar i que estàvem disposats a tirar-ho endavant. Ja t'imagines com s'ho van prendre, ells que eren gent de missa i d'estampes. La volien matar a ella, però sobretot em volien treure els ulls a mi, perquè jo era major d'edat i l'Anouk en canvi... Com si jo, al damunt, m'hagués aprofitat d'ella. Recordo que durant setmanes van insistir perquè ens caséssim abans de tenir el fill. No hi insistien, ho exigien. Jo allà vaig agafar l'Anouk per banda i li vaig dir que jo m'havia ficat en aquell podrimener per amistat, per ajudar-la, per treure-la del problema més gran de la seva vida, però que de casar-nos, ni en pintura, i vam fer santament. La meva mare, que també va tenir un disgust que ni t'ho explico, també s'hi va ficar pel mig... Un gori com una catedral. Ara t'ho dic així, perquè ja han passat molts anys, però van ser uns dies que un malson s'encavalcava amb un altre, però s'havia engegat la muntanya russa i ja no hi havia qui la pogués aturar. I algú, enmig del daltabaix, es va posar a fer comptes i va dir que a finals de setembre l'Anouk i jo no érem a Capbreton. I aleshores ella es va inventar que el cap de setmana que havia dit que anava a casa d'una amiga, en realitat havia estat amb mi, que m'havia escapat fins a Mulhouse perquè estàvem molt enamorats. Jo no hi he estat mai, a Mulhouse. Ni ganes, però vaja, mentida sobre mentida...

—Per què, Jean-Pierre? Per salvar-la a ella?

—Què vols que et digui? Sí, sí... Per pena, no ho sé. Per amistat, perquè vaig veure una amiga tan desesperada, per la inconsciència de l'edat, perquè era el diable i veia que havia de fugir d'ella, però una força estranya no m'ho permetia... Perquè suposo que m'agradava, o que l'estimava, o que em semblava que l'estimava. Per què? No m'ho facis dir. Perquè vaig pensar que feia una bona obra, suposo, no ho sé.

—I la Monique on és? Amb la mare?

—Espera... No corris tant, que fins ara aquesta és la part bonica de la història.

—No m'ho puc creure... —La Paulina el planyia, però al mateix temps va notar una fiblada. Ajudava l'Anouk perquè l'estimava.

—Aquests eren els dies feliços. Neix la nena, sana, tranquil·la, una criatura magnífica. L'Anouk ve a viure a París, a prop d'aquí, en un piset que no tenia res a veure amb aquest. Sense ascensor, dues habitacions petites, una pudor que pujava de no sabíem on... Pencàvem tots dos, perquè a la Monique no li faltés de res, perquè els pares, els seus i els meus, ens van dir que ens havíem d'espavilar nosaltres. Als ulls de tothom, jo era el pare de la Monique. De fet, jo n'era el pare. Al cap d'un any caminava, al cap de dos parlava, tot aquest procés natural que l'Anouk i jo vam anar aprenent alhora, conjuntament. Ella i jo, de portes enfora, érem una parella. A casa no estàvem malament, però era com si fos un pis d'estudiants amb una criatura incorporada. Dormíem a la mateixa habitació, en un llit estret, i, no et diré que no, alguns dies sí que... Ens abraçàvem, ens masturbàvem l'un a l'altre. Coses de joves, vaja. Anàvem tant de corcoll que, fora de casa, no teníem temps ni ganes de buscar res més. Jo, als matins, feia de bibliotecari a la Facultat de Medicina. A les tardes vaig començar a treballar en una galeria al Quartier Latin. La Monique em deia pare, i jo, esclar, l'estimava com una filla. No sé si ho feia prou bé. No sé si ella notava una prudència, inconscient, amb la meva manera de tractar-la. A mi em sembla que no, perquè jo ho feia tot. La banyava, la canviava, li feia el sopar, l'hi donava, li llegia un conte als peus del llit, li tallava les ungles. Tot. Què t'he d'explicar que no sàpigues, oi?

—Vint-i-quatre/set.

—Vint-i-quatre/set. —El Jean-Pierre li va pessigar el dit gros del peu, amb complicitat—. Un dia, quan la Monique tenia sis anys, l'Anouk va desaparèixer. Va desaparèixer, així, com t'ho dic. Vaig arribar de treballar i, mentre pujava l'escala, ja sentia marranejar la Monique. Entro i estava sola a casa. Deia que la mare feia hores que havia marxat, i ella tenia gana, s'havia pixat i no parava de plorar. Aquella nit no va tornar, ni l'endemà, ni l'altre. Un panorama. Deu dies després, amb tota la cara dura, em va trucar des de Noruega. Em va dir que no podia més, que necessitava respirar i que se n'havia anat a Marifjora, al poble de la seva àvia. No em va dir que ho sentia molt, ni tan sols em va preguntar per la nena, com si la seva filla no existís, i va penjar.

—Què vas fer?

—Parlar amb la mare de l'Anouk, demanar-li el telèfon de l'àvia a Noruega, trucar, parlar amb la iaia, que no entenia res del que li deia perquè l'Anouk no era allà, ni hi havia estat en una pila d'anys, ni l'esperava un dia d'aquells. I jo, amb la nena a casa, sense saber què explicar-li de la seva mare. Una setmana, dues setmanes, tres, quatre, un mes, dos mesos i, abans que fes tres mesos que s'havia fet fonedissa, va venir a París, es va presentar a l'escola de la Monique, va recollir la nena, se la va endur i no les he vist mai més. Mai més. Fins avui.

—Però...

—Fins avui, Pauline. On són? No ho sé. Per què van marxar? No en tinc ni idea. Per què no ha donat senyals de vida, ni una explicació, ni una carta? Tampoc. Mai, res de res. Com si se les hagués empassat la terra. Els seus pares, a Colmar, es van morir —primer ell, després ella— sense saber tampoc què se n'havia fet, de l'Anouk i de la seva néta. Cap notícia de la seva filla. Ni tan sols es va presentar a l'enterrament. Ni consta, tampoc, que sàpiga que els seus pares ara ja fa anys que són morts i enterrats. De fet, en el testament, pel que diu el meu pare, que va ser el seu notari, ho deixaven tot a la Monique. Els pares, dolguts, no van voler saber res de l'Anouk i ho van deixar tot a la nena, però no hi ha hagut manera de localitzar-la. I aquesta és la història... Tu em preguntaves si jo era el pare de la Monique. A tu què et sembla?

—Déu meu, com deus haver patit.

Ella s'adonava, però, que si al Jean-Pierre li feia tant mal aquella història, era perquè, en el fons, estimava l'Anouk. O potser, en el fons, trobava més a faltar la Monique que l'Anouk? ¿Tal vegada necessitava sentir una nena que corria pel pis amunt i avall o enyorava recollir l'estesa de dibuixos que la petita de les trenes devia deixar per terra? I pensar que durant quatre dies la Paulina temia que ell potser pensés que era massa ingènua. Des del llavi contra llavi la nit del casament, estava convençuda que era un heroi, i tot just aleshores s'adonava que estava amb un supervivent. Per primera vegada des que estaven junts, no es va sentir inferior a un Jean-Pierre que, amb l'últim glop de malta, volia dissimular tanta emoció retinguda per la seva morrada vital.

—Què saben els meus amics? Què sap la teva cosina? El mateix que tothom: que l'Anouk em va deixar d'un dia per l'altre i va marxar i es va endur la nostra filla. Què saps només tu? Que jo, biològicament, no era el pare de la nena, que jo no vaig deixar prenyada l'Anouk, vaja.

—Que cruel, Jean-Pierre, tota aquesta pel·lícula. Hipotecar una vida per ajudar una amiga, per més amiga que fos...

—No és una història bonica, no.

—Has estimat i t'han utilitzat.

—Fa molt temps que vaig decidir no recordar-la. El dret d'oblidar hauria de ser una llei fonamental.

—La memòria no són cadires plegables que, quan els convidats se'n van de casa, les pots desar darrere la porta. És una història tristíssima, però és la teva. —La Paulina va treure els peus del sofà, els va posar a terra per notar-lo més a prop—. I m'agrada molt que me l'hagis volgut confiar.

—Encara m'estimes, doncs?

El Jean-Pierre, com un nen petit, va grimpar pel sofà fins a abraçar-la fort, galta amb galta. Durant una estona no van poder parar de plorar. Ell feia una pila d'anys que, hermètic, aguantava el dol com podia, enyorant la Monique i maleint l'Anouk. Encara que no l'ensenyés, tenia la ferida més oberta que no es pensava. A ella, per pena, li sabia greu veure el Jean-Pierre desencaixat. I no entenia com l'home guspirejant que havia conegut, segur, *charmant*, fatxenda, amagava un drama tan gros, tan injust, dels que marquen tota una biografia. Com s'ho feia per conviure aparcant aquell dolor? Hauria sabut ella tirar endavant amb una pèrdua similar? I filla de puta com era l'Anouk, per què el Jean-Pierre no havia canviat el nom de la galeria? Potser encara pensava que... I si tornava, la perdonaria? Aquests dubtes se'ls quedaria per a ella. Si el Jean-Pierre no tornava a treure el tema, la Paulina estava disposada a no anomenar mai més l'Anouk, la Monique, ni res d'aquell episodi amarg. Fet i fet, ella se n'anava aquella tarda i ni tan sols sabia si mai més tornaria a parlar amb l'home que l'havia fet sentir més dona que mai. Més valorada, més atractiva. ¿Podria prescindir, a partir de l'endemà, de la persona que li havia ensenyat a viure cada moment com si fos un quart d'hora abans de la fi del món?

Eixugades les llàgrimes, el Jean-Pierre va carregar la pipa i va tornar a passar el forrellat sobre el seu passat. Notava que li havia anat bé desfogar-se. Per fi havia trobat a qui confiar el seu drama, amb detalls i en veu alta. De cop i volta, però, només li interessava el futur i una persona que li havia fet caure prudències i barreres.

—No et moguis. De seguida dinem. Però hi ha una cosa que encara no hem fet i em ve molt de gust. Vull que tastis una cosa. No et moguis, sents?

—No, no —va obeir la Paulina.

El Jean-Pierre es va aixecar i se'n va anar cap a la cuina. Ella, pels sons, mirava d'intuir què passava allà dins. S'obria la nevera. Es destapava una ampolla de vi, que es resistia. Omplia la glaçonera amb un estrèpit que evaporava qualsevol sorpresa. I tornava a obrir la nevera i s'hi estava una estona abans de tornar-la a tancar. Remenava un calaix, com si busqués un estri entre cullerots i pinces. Era un obrellaunes, segur. Si estirava l'orella li semblava sentir el crepitar sec a mesura que... Un manetes com el Jean-Pierre no havia de tenir gaire feina per obrir una llauna. Un platet, aquest soroll sí que el tenia clar.

—Tanca els ulls, que vinc.

—Ja està. —Va prémer les parpelles amb força.

Primer va deixar la glaçonera i dues copes al damunt de la taula. Després li va passar la mà a tocar del nas, com si saludés, per cerciorar-se que la Pauline no feia trampes.

—T'estimo.

—Puc mirar?

—No! —i les passes es van tornar a perdre cap a la cuina.

Va agafar alguna cosa i va entrar a la sala intentant no fer soroll. Es va acostar a la Paulina. La respiració el delatava.

—Sobretot, ara, no obris els ulls.

—Però...

—Confia en mi.

Ella va sentir com tallava alguna cosa en un plat. Pel dringar fi, devia ser un platet de cafè.

—Aguanta amb els ulls tancats. Obre la boca. Una mica. T'hi posaré una cosa del ganivet estant. Vés amb compte. D'acord?

—I si...

—Tu confia en mi. T'agradarà, creu-me. No pateixis. Quan ho tinguis a la boca, continua amb els ulls tancats. No ho mosseguis. Deixa que se't desfaci a la boca. Va?

—Va —la Paulina, amb més neguit que ganes.

Va escurar el ganivet, arrossegant amb les dents, amagant la llengua, amb cura de no tallar-se.

—Mmhh...

—No obris els ulls.

—És foie!

—Assaboreix-lo. Nota'n tots els gustos, deixa que es desfaci. No el masteguis, que es desfaci com un caramel tou.

Li va fer cas. Ell, mentrestant, també se'n va posar un trosset a la boca i va servir dues copes de Riesling. No va dir res. La veia paladejar, amb gust. Havia aconseguit que la Pauline notés tots els sabors. Un gust lent, fresc. Segons com, un regust de fruita amarga, de tabac, de sal, de gotes de greix, un regust llunyà de xocolata que es va fonent, a poc a poc, untuós, suau, desfent-se entre la llengua i el paladar.

—Està boníssim, Jean-Pierre. —Va obrir els ulls. Ell l'esperava amb una copa a la mà, a punt per atansar-l'hi. Es va asseure al seu costat.

—És d'oca. Més suau que l'ànec. A mi m'agrada més.

—I jo que, quan et vaig conèixer, vaig pensar que eres dels solters que no tenien ni una cullereta a casa...

—Cops amagats. No se'n pot abusar, però és un dels plaers de la vida.

—Això és el dinar, amor meu?

N'hi va tallar un altre dauet, que la Paulina va deixar que se li desfés a la boca. Instintivament, va tancar els ulls —i els va tancar sempre més que va menjar foie— per concentrar-se en tots els sabors i per recordar la sorpresa del Jean-Pierre, l'home que sabia convertir cada instant en especial.

—Tu has jugat a casa, aquests dies. No s'hi val. M'has portat a llocs, m'has ensenyat coses, m'has sorprès amb el foie, i el vi, i les teves músiques, i les gotes de mel. Et deus pensar que jo no tinc, no ho sé... iniciativa. Que sóc una avorrida.

—Doncs queda't. Queda't aquí i demostra'm que tu també tens cops amagats. Queda't amb mi.

La Paulina es va cobrir la cara amb les mans. Sabia que havia arribat la conversa que tots dos sabien que havia d'arribar. Era la primera vegada que li deia queda't. Volia que l'hi digués. Ho desitjava amb totes les forces. Però ho temia. Temia sentir aquelles paraules, però encara li feia més por que el Jean-Pierre, per prudència o perquè ja li estava bé que el seu amor tingués data de caducitat, no les arribés a pronunciar mai.

—Queda't —va repetir amb més èmfasi, decidit.

—No m'ho facis, això, Jean-Pierre.

—Queda't, queda't amb mi. Viurem aquí o on vulguis, treballarem junts a la galeria si et ve de gust, voltarem pel món, o ens quedarem sempre aquí. Farem el que vulguis...

—No m'ho diguis... Ja saps que jo...

—Esclar que t'ho dic, Pau. Aquesta vegada pensaré en mi. Ara em toca a mi. Ja he ajudat prou gent, ja he sortit escaldat, ja sé què és perdre el que estimes i no tornar-ho a veure mai més. Ja sé que ocasions com la nostra passen una vegada, o no passen mai. Juguem-nos-la.

—Tu ets un solitari i no t'acostumaries a...

—A mi no em posis d'excusa. Jo sé el que vull. Sé què és l'únic que vull que em passi d'aquí als propers quaranta anys. Juguem-nos-la junts.

—Tinc una vida muntada, jo... —Li va posar el cap al damunt de la panxa—. Jean-Pierre, amor meu, no m'ho diguis més. No m'ho diguis dues vegades.

—Tres, les que calgui, si em dius que tinc alguna oportunitat...

El Jean-Pierre es va acotar per besar-li el front. Esperava una resposta. Intuïa, però, que la Pauline no volia dir res més. Va esperar-se despentinant-li el serrell, cap aquí i cap allà, com el pèndol d'un rellotge al qual se li va morint la corda.

—Per a mi és més fàcil, ja ho entenc. Entenc, també, que tinguis una vida muntada, però, precisament, es tracta d'això. De la vida. Ens n'han deixat una, una de sola, i l'hem d'aprofitar. Ets massa jove per arrossegar, tota la vida, la pena de no fer el que t'ha vingut de gust. Ens estimem massa per retreure'ns, per sempre més, que no estiguem junts si és això el que volem.

—Venir de gust? Com m'ho pots dir, això? —Va tornar a aixecar el cap i el va mirar amb la desesperació dels amants—. Esclar que em ve de gust. No ho dubtis, per favor. Passi el que passi, això no ho dubtis mai.

—Doncs...

—No sortiria bé, Jean-Pierre. Ara han estat quatre dies. Tu estàs acostumat a estar sol, jo tinc una filla...

—Que vingui...

—No és tan fàcil.

—Que vingui, ja hi havia pensat...

—Tu i jo aquí, amb una nena, no és el mateix...

—Jo ja sé què és viure amb una nena. Ho feia bé, de pare...

A la Paulina, de cop i volta, li va passar pel cap una idea com una fiblada. I si el Jean-Pierre li proposava que s'instal·lessin allà per recuperar una filla i no per ella? Va arrencar aquest pensament per sempre més. No es podia permetre caure en el parany de les neurones que treballen més del compte. Ni per un instant volia arribar a plantejar-se, ni remotament, que el Jean-Pierre necessitava la Gina per refer-se de la pèrdua de la Monique. No podia ser tan recargolat, el seu amant. El Jean-Pierre no podia ser d'aquests. Per una vegada el veia tou, però ella no es podia deixar afeblir.

—Deixant al marge la meva filla, que no la vull embolicar en tota aquesta conversa, la convivència no és el mateix que quatre dies rodons. Rodons vull dir perfectes, insuperables, inoblidables, però quatre dies. T'ho dic amb tot el cor. Jo ho he viscut així. I per a tu —la pregunta no volia semblar acusatòria—, què signifiquen aquests quatre dies?

—No són els dies. Ets tu. El meu amor, la meva salvació. No sabem què passarà més endavant. La vida dóna moltes voltes i no podem saber què ens espera ni tan sols demà... Això no és un quadre, no és una obra d'art acabada, emmarcada i exposada. El podem pintar junts, amb els colors que tu vulguis. Jo, ara que ens tenim, ara que ens hem trobat, no veig per què ens hem de posar límits.

—Jean-Pierre...

—Passi el que passi d'ara endavant, sabem que tu i jo ens hem salvat l'un a l'altre. Ens hem conegut per salvar-nos, n'estic convençut. Estic enamorat, per primera vegada sé què vol dir estar enamorat, i això ja ho tenim per sempre. He obert el meu cor i sóc immensament feliç. No sabia que es podia sentir tot això. Em pensava que fa molts anys, potser a la universitat, havia estat enamorat, però ara m'adono que l'amor era això. Un sentiment nou, més cert que cap altre. Incomparable, reconeixible. Esclar que he conegut d'altres dones, de casades, d'atractives, de sofisticades... No sé què et deu haver explicat de mi la teva cosina, però mai ningú no ha significat res. Què has aconseguit tu, amor meu, i només tu? He hagut d'esperar quaranta-cinc anys per saber què és estar enamorat. Celebrem la vida, celebrem-la junts, que és el gran miracle.

La Paulina, que no volia dir res de què es pogués penedir, maldava per no deixar-se arrossegar per la passió d'un Jean-Pierre encès.

—El meu pare explicava sempre que els seus pares, els meus avis, es deien tan sovint t'estimo que, a la llarga, ho rebien com si res, com un bon dia o un bona nit. Sense emoció. I van arribar a vellets, i van viure sempre junts, però amb els sentiments banalitzats...

—No en tenim noranta, tu i jo...

—Deia el pare que t'estimo és l'única frase que s'ha de dir notant cadascuna de les lletres. I m'adono...

—Que té raó. Fins ahir no et vaig dir t'estimo. I ho vaig dir a consciència. I tu m'ho vas dir a mi, en francès. I des d'ahir, cada vegada que ens hem dit t'estimo, i no les hem comptades, ens ho hem dit notant cada lletra, i ho hem rebut com si fos la primera vegada o l'última voluntat.

—Ho sé. I jo també. És així, Jean-Pierre, i m'agradaria que et poguessis posar dintre meu perquè veiessis que em sento igual que tu.

—Però?

—Però.

—Què puc fer per trencar aquesta cuirassa que t'estàs posant, Pauline? T'estimaré sempre amb l'emoció d'aquests dies. La felicitat ens la guanyarem junts, la felicitat s'ha de desitjar i te l'has de treballar. Tot costa, i lluitar per l'amor encara més.

—Jean-Pierre, què més voldria jo que...

Ell va afluixar. Va veure una llàgrima als ulls de la Pauline i va saber callar. Va deixar que la gota li comencés a lliscar pel pòmul, li va posar la mà a la cara, l'hi va eixugar amb el dit gros i li va fer una carícia a l'altra galta.

—Hi ha dècades en què no passa res i hi ha setmanes en què passen dècades. I aquesta és la nostra.

—Que bonic, això que dius, Jean-Pierre. —Va mirar de no somicar.

—És de Lenin. —Va alçar les celles, murri—. Ja et vaig dir que jo era d'esquerres.

Van riure. Van tornar a riure plegats, amb ganes, per treure's els nervis del damunt. En quatre dies, no tot havien estat orgasmes, mirades i converses. També havien rigut molt, a cor què vols, alliberats de tot. Ells dos, sols, al món.

—Dinem?

—Fem l'amor...

Tot i que ho tenien a flor de llavi, no s'ho van dir. Ningú no va gosar. Però tots dos sabien que la frase inacabada continuava amb un «per última vegada», turmentat, concloent.

—M'hauràs d'ajudar amb una cosa. —Es va asseure a l'espona de llit—. Em pots estirar les camperes?

El silenci dels cossos va enriquir l'adéu.

Es va posar les botes tota sola. Es va cordar el gafet dels sostenidors i, abans de passar-se pel cap la samarreta que s'havia comprat a Saint-Honoré, va entrar al lavabo a estirar-se els cabells amb el raspall de pues llargues que sempre duia al bolso.

—A quina hora surt l'avió?

—Volia ser a Orly a les cinc.

—Encara haurem de córrer.

Millor, va pensar, la Paulina, així el comiat serà més curt. No hi havia volgut pensar ni per un instant, però ara que s'acostava el moment, tenia una cosa clara: no s'hi havien de recrear. Els tràngols, com més aviat passats, millor. El Jean-Pierre va traginar les maletes per les llambordes de la rue du Trésor fins al garatge on guardava el cotxe. Ella no s'havia volgut acomiadar ni del pis, ni de l'ascensor, ni del cul-de-sac de Le Marais on havia descobert la Paulina més íntima. Mai no havia estat tan lluny de casa i tan a prop d'ella mateixa.

Al cotxe —un Citroën de maleter gros, ideal per traslladar-hi quadres— van parlar poc. Ni l'un ni l'altre no volien que les paraules agafessin la transcendència dels comiats. La grisor de la perifèria de París no ajuda a dir res mig romàntic. El Jean-Pierre va dubtar si havia de fer un últim intent. Seria tenir molta barra dir-li queda't aquí? Tenia la temptació d'estripar les cartes i dir-li mira, Pauline, estimada, amor meu, t'equivoques marxant, aquí seràs feliç i tu saps, encara que no ho puguis reconèixer, tu saps que tornes amb un marit que ja no t'il·lusiona, que hi vius d'esma, que ja t'hi has acostumat com t'acostumes als sorolls de la nevera.

—Fa bona olor, trobo, el teu cotxe.

Se'n va estar. Va creure que la Pauline ja s'havia posat l'armadura de tornar a casa.

—M'agrada l'ambientador de llimona. Dura uns deu dies. Després...

No ho va dir. No va gosar dir que tot s'esbrava ràpidament. A última hora no podia treure el cinisme a passejar. La Pauline no ho hauria entès. I no s'ho mereixia. Ella marxava perquè tenia bitllet, perquè des d'abans de sortir de Barcelona sabia que dimarts tornaria a casa, amb la seva filla de cinc anys i un marit de qui, per prudència, no havien parlat durant quatre dies. Ja a l'autopista, amb la cinquena posada, ella va posar la mà sobre el canvi de marxes i el Jean-Pierre ja no l'hi va deixar anar fins a l'hora de posar el punt mort per agafar el tiquet del pàrquing.

—Tota la roba en aquesta maleta? —El Jean-Pierre descarregava el cotxe, sense esforç físic aparent. L'estrebada anava per dintre.

—Li he regalat coses a la Julie. Així no pesa tant.

—No sabré quina cara fer-li a la teva cosina, quan la vegi.

—Fes la teva, que és la millor.

L'ascensor els va menar, directament, a la terminal de sortides internacionals d'Air France.

—Fem un cafè?

—M'estimo més fer-lo a dintre. Aquestes coses... I als aeroports és millor estar a dins.

—Doncs cap allà. —Orly, era, per al Jean-Pierre, la segona residència. Entre les fires d'art i les papallones, podia agafar una trentena d'avions a l'any.

—Queda-te-la per a tu, la nostra història.

—Esclar, Pauline.

—T'escriuré aviat...

—Saps on trobar-me si mai em perdo, oi?

La Paulina va acalar els ulls. El Jean-Pierre li va aixecar la barbeta amb dos dits perquè tornés a alçar la vista.

—Bon viatge.

—Igualment.

Se'ls va escapar el riure, sense ganes, de la mateixa manera que a la Paulina se li havia escapat aquest «Igualment» com un acte reflex, un pur formalisme cultural. Es van fer un petó ràpid als llavis, un petó de toc, i va voler ser ella qui, abans de deixar-se anar de les mans, digués l'últim què.

—T'estimo. Amb totes les lletres... Ho sents? *Je t'aime.*

Als ulls del Jean-Pierre hi va veure les venes de les oportunitats perdudes. Ja no es van poder dir res més.

Desfeta, va passar el control de la policia. El cor

havia de bombar, tot alhora, la ràbia, el disgust, la tristor, el sotrac, la inquietud, l'excitació, el compungiment i, ja en aquell moment, l'enyor dels quatre dies que deixava enrere. El policia, protegit per un vidre com un mico de zoo, va mirar la seva foto i, mecànicament, va alçar els ulls per veure-li la cara. No era la primera dona que veia plorar a l'aeroport. Era la primera vegada en anys —això sí que ho va pensar— que trobava que era més guapa la dona de la foto de carnet que la que passava per davant de la gàbia amb la pena recollida. El policia mico va estampar el segell —Orly-Paris-France, 16 june 1981— sense deixar de mastegar xiclet.

—*Allez-y*.

—*Merci* —va balbucejar mentre tirava el document dins del bolso.

Passat el control, no es va girar. Va caminar endavant; cap al futur, cap al passat. No s'ho podia permetre. No volia que el Jean-Pierre, l'última vegada que la veiés, li intuís una llàgrima. No s'atrevia a tornar-lo a mirar. Corria el risc de fer mitja volta i volar, per damunt de tabús i duanes, fins als seus braços. Sabia que amb un sol gest del Jean-Pierre n'hauria tingut prou per engegar-ho tot a rodar. Tan sols que amb el seu esguard encisador li hagués enviat un petó amb dos dits, mentre subjectava la pipa d'arrel de bruc, la Paulina no hauria tingut prou força de voluntat per perdre's terminal enllà entre toblerones i perfums. Si s'hagués girat, però, s'hauria trobat un Jean-Pierre sol, dret sota una llum tènue de terminal, amb les mans a les butxaques, amb la pipa a les dents i els ulls esbatanats. Amb el posat del culpable que escolta, sense apel·lació possible, la seva condemna. El veredicte, fred i impietós, no el deixava ni parpellejar: tenia la certesa que deixava escapar l'amor de la seva vida i, aquesta vegada, passava davant dels seus nassos i es preguntava si havia lluitat prou per impedir-ho. Com en un rèquiem alemany, aguantava el dolor amb una solitud incondicional.

Així que la pantalla d'arribades de l'aeroport del Prat va anunciar que el vol d'Air France estava aterrant, la Gina va pujar a collibè del seu pare. Volia, de totes passades, ser la primera de veure la mare quan s'obrissin les portes automàtiques de vidres fumats.

El motor de l'avió va emetre l'últim sospir, aturat a la pista, a les vuit i vint-i-un minuts d'un dimarts, el dia que al món hi va haver una mica més d'amor.

I de pena, que no hi ha una cosa sense l'altra.

—Mama! Mama, aquí! Què m'has portat?

13. Travessar un descampat

Al seu àtic del carrer Tuset, la Gina hi havia rebut el Biel sense temps per endreçar la casa. Ell s'hi havia presentat amb una capsa mitjana de trufes gelades, amb barba de dues setmanes i un argument: el pèl que abans tenia al cap, ara el tinc a la cara. La Gina va riure. Segurament continuava sent el més lleig de la classe, però s'havia arreglat les celles i trobava que els calbs solien tenir un què. El va fer seure, li va servir un te de gerds i, sense poder-se esperar, li va deixar les tres cartes que havia recuperat de la capsa de la tieta Júlia un cop morta. Mentre el Biel llegia, va aprofitar per fer una estirada de llençols i va passar un drap humit pel marbre de la cuina. Amb tantes hores a la universitat, havia trobat l'excusa perfecta per descuidar la casa de dilluns a divendres. El cap de setmana, per força, l'havia d'adobar. Quan va tornar al menjador, el Biel no hi era. Havia obert la porta de la terrassa i havia sortit a acabar de llegir la tercera carta.

—Estàs plorant?

—Jo? No, no...

—És l'última, suposo...

—Quin sentiment, pobre home. —Es va eixugar les llàgrimes amb els punys de la camisa.

—Jean-Pierre, la mare, la cosina. Quin triangle, tu. Això d'enviar les cartes a través de la tieta Júlia no em diràs que no era estrany de collons...

—Aquesta... —El Biel va remirar el sobre de la carta que estava llegint, per cerciorar-se'n—. Sí, aquesta és la que envia el Jean-Pierre directament a la Júlia, després de la mort de la teva mare.

—La tieta era l'única que ho sabia tot, això queda clar, i no en va dir mai res a ningú.

—Ni al seu marit?

—A l'Alain? Tampoc, suposo.

—Suposes o ho saps?

—Ho sé. Vaja, ho intueixo.

—L'hi vas preguntar a l'Alain?

—Vaig encarregar a les meves cosines que ho fessin. Vaig pensar que amb mi, la filla de la Paulina, no hauria gosat... Comptant que sabés res, potser tampoc m'ho hauria dit. A l'Alain mai li ha interessat el safareig.

—En una de les cartes, em sembla que és a la primera, el Jean-Pierre li diu a la teva mare que no voldria que ella hagués de dir mentides per amagar la seva història. És fort.

—Sí, sí. Al final de la primera.

—I?

—Vols saber-ho? —La Gina es va asseure al banc de fusta que tenia a la terrassa—. Vaig anar a veure el meu pare...

—Com està?

—El pare? —no va poder amagar la decepció—. No el reconec. Espero no assemblar-m'hi, amb els anys...

—Què vol dir que no el reconeixes? —Es va asseure al seu costat. Així podien parlar contemplant el no-res, sense haver-se d'aguantar la mirada.

—Res, sensacions. Tot plegat, no ho sé. —Va notar que el Biel volia més explicacions—. Està de mala lluna, amb aquells dos nens petits, els meus germans, que l'han agafat massa gran, francament. Ni els ha educat, ni està gaire per ells, l'hi regiren tot, els ha deixat fer i ara no hi ha qui els faci passar per l'adreçador. Són dos tsunamis. I ell no és un pare, és un avi. I ella, la Mire, la dona... Què vols que et digui? Un tira per aquí, l'altre per allà. No sé ben bé si el pare es va tornar a casar per no estar sol i el van entabanar... Enamorat? Potser a l'inici li va semblar que n'estava. Ara no. Ara tot és anodí, viu instal·lat en la inèrcia i sembla que fins i tot li faria mandra plantejar-se alguna altra cosa que no fos el qui dia passa any empeny. I això que, físicament, el mires i és un home que fa goig. Fins i tot, sense el bigoti, sembla més jove del que és.

La Gina no s'avergonyia del seu pare. Al contrari,

però li sabia greu que s'hagués conformat amb una vida insípida, d'ou passat per aigua. Pena, era la paraula. No ho havia dit mai en veu alta i, mentre s'esforçava per descriure el panorama al Biel, li sabia greu parlar del pare en aquells termes.

—No jugava a cartes, el Manuel?

—Sort del pòquer, que continua sent sagrat. Un parell de nits a la setmana se'n va a fer partides amb els amigots de sempre. Però també n'hi ha un, un dels assidus de tota la vida, que es va morir d'un atac de cor mirant un partit de tenis per la tele, i ara el troben a faltar i han hagut de buscar-li un substitut, però diu que ja no és el mateix. Que s'han fet grans, tu, i a vegades penso que m'hauria agradat veure com hauria estat la vida del pare al costat de la mare.

—Tu creus que sap alguna cosa del que va passar a París?

—Aquest és el punt, Biel.

Un diumenge, com molts altres diumenges, la Gina havia arribat a casa seva, la que havia estat casa seva, just a l'hora de dinar. El pare s'havia submergit en la nova família, però, en canvi, havia fet pocs retocs al pis de la rambla de Catalunya a tocar de Còrsega. El menjador estava igual, com si la Paulina hagués de tornar l'endemà. Només hi havia canviat algun quadre i l'entapissat del sofà i de les butaques. I amb els dos nens que s'enfilaven per tot arreu sense que ningú els fes descalçar, aviat els haurien de tornar a entapissar. Llevat dels electrodomèstics, la cuina també estava tal qual, amb els armaris de fòrmica clara que, de petita, tantes vegades s'havia entretingut a obrir i tancar. Els imants, amb els pols que s'atreien i es repel·lien, li semblaven un dels grans misteris de la vida. De la seva habitació, en canvi, no en quedava res. Ni el pòster de la foto en blanc i negre dels espectadors amb les ulleres de tres dimensions. L'estança de la Gina s'havia convertit en el camp de batalla de l'Edu i el Nico. Els seus germans, de vuit i sis anys, dormien en lliteres, i perquè no es barallessin per qui li tocava el matalàs de dalt, que era el més preuat, cada setmana s'ho jugaven a una partida de la Play Station que solia acabar a plors i garrotades. A l'habitació dels pares, des que el pare vivia amb la Mireia, no hi havia entrat mai més. Per prudència. Va deixar la jaqueta i el casc de la moto sobre el sofà, va fer dos petons a tothom i van entaular-se, sense temps ni tan sols per fer pessigolles a l'Edu i el Nico, que ja l'esperaven amb ganes de gresca. Des que la Mire havia entrat en aquella casa, tots els noms semblaven retallats. Al capdavall, no devia ser culpa de la Mireia. Ella es deia Georgina i de tota la vida que li havien dit Gina. Com a mínim el Manuel, el pare, continuava sent el Manuel amb totes les lletres, i amb totes les dones.

L'arròs a la cassola de la Mire va tenir un èxit relatiu. L'Edu apartava el pebrot, el Nico els musclos i la Gina, per no fer un lleig, s'ho empassava tot sense gemegar. A cada forquillada, però, notava que el sofregit, fort de ceba, li tornaria tota la tarda. Abans de les postres, sense que ningú els ho prohibís, els nens ja jugaven a futbol al passadís amb una pilota d'espuma perquè no trenquessin res, si és que quedava alguna peça sencera. Després del tallat descafeïnat, la Mire va desaparèixer discretament, com feia cada diumenge, perquè pare i filla tinguessin una estona per parlar de les seves coses. El Manuel i la Gina van desparar taula, van deixar els plats en remull i van passar al saló. La Gina es va escarxofar al sofà —sense sabates— i el pare, després d'asseure's a la butaca d'orelles, va encendre la tele. D'esma, va saltar de canal en canal per trobar algun partit que li pogués semblar atractiu. La Gina, sempre directa, sense pèls a la llengua, per una vegada no sabia gaire com enfocar-ho. El pare li continuava fent respecte. Mai no s'havien entès prou. Va decidir tirar pel dret, sense pensar-s'hi més.

—Els dies que vaig ser a París, per l'enterrament de la tieta Júlia, vam estar remenant fotos amb la Fabienne i la Laurence... Vam mirar l'àlbum d'ella, del seu casament... Que joves, tots. I, pel que vam veure, pot ser que tu no hi anessis?

—A on?

—Al casament de la tieta Júlia i l'Alain.

—Ah... No, no.

—A les fotos de l'àlbum només hi surt la mare.

—És veritat. Hi va anar sola, sí.

—I com és?

—El què?

—Que no hi vas anar... —La Gina va agafar el comandament i va fer emmudir la televisió. Ja que no treia els ulls de la pantalla, com a mínim que l'escoltés a ella.

—Al casament de la Júlia? —No volia donar importància a la conversa—. Per feina, suposo...

—Però era la cosina de la mare. Una germana, per a ella.

—No ho sé, Gina. Devia tenir feina. —I va tombar el cap—. I ja saps que a mi, els avions, si no és imprescindible...

La Gina va pensar que era el moment de pujar un graó.

—Se la veia molt contenta, la mare, a les fotos...

—Les del casament de la Júlia?

—Sí, esclar.

—No sé si les vaig arribar a veure, jo.

—Que portava un vestit blau, que estava...

—Dona... Era molt guapa, la mare, tu diràs.

—No recordes el vestit blau?

—No, no...

—S'hi va estar uns dies a París, em sembla. Pot ser?

—No ho recordo, noia... Li agradava molt París, a la mare, era la seva ciutat preferida.

—Li agradava viatjar, oi?

—Sí. Moltíssim... Ara, com que a mi no m'agradava, primer no sortíem gaire. La dèria per voltar li va agafar els últims anys. Volia anar a tot arreu. Amb mi o sense, li era igual. La qüestió era voltar. Amb la Júlia, precisament, em sembla, que van anar a Venècia.

—Sí, sí. A Venècia i a Milà. —Va empassar saliva, i també va clavar els ulls al partit de segona divisió—. Saps si li va passar res, en aquell viatge a París?

—A París?

Amb el que va trigar a respondre el seu pare, la Gina va travessar un descampat. El pare, advocat expert, sabia fer l'orni quan li convenia.

—A París, pel casament de la Júlia, dius? Jo no recordo res d'especial.

—No ho sé —va insistir la Gina—. Només volia saber si en tornar la vas trobar més... Diferent.

—Més què?

—No ho sé, jo no hi era. Més contenta, o més trista o, això, diferent.

—No sé a què et refereixes, Gina. Ha passat molt temps. Quants anys fa?

—Del casament de la tieta? Va ser el 81, abans de l'estiu.

—Imagina't. No havíem tingut ni el Mundial de Futbol ni els Jocs Olímpics, encara. —Tirava més pilotes fora que el grapat de futbolistes mediocres que campaven pel televisor—. Més contenta, més trista... No entenc a què ve això, ara, Gina.

—Res. Que hi vaig pensar, en veure les fotos, i

em vaig adonar que necessito saber més coses de la mare.

—O m'intentes dir alguna cosa?

La Gina, per un instant, va reviure el to eixut del pare que menys li agradava. L'aire de retret d'un pare que, en aquells temps sí, quan ella tenia l'edat de l'Edu, l'hauria tancat a dinar al safareig si apartava un pèsol de la paella o l'hauria tret al replà si hagués trencat un gerro bavarès d'un cop de pilota. O el que li refregava, ja d'adolescent, que es vestís amb roba de morta. Es repel·lien, com els imants.

—No, no... Només volia que m'expliquessis coses de la mare.

—Alguna en concret? Alguna que tu creus que saps i que jo no?

—No és això pare, hòstia.

Tots dos ja havien descobert, en aquell moment de la conversa, que sabien alguna cosa. Potser, tan sols, una petita part d'una història incompleta. Però ni el pare tenia la intenció de reconstruir el trencaclosques, ni la filla estava convençuda de fins a quin punt calia embolicar la troca. Com en una partida de pòquer dels dijous sagrats del pare, es tractava d'amagar els asos. Cap dels dos coneixia què sabia l'altre dels quatre dies de la Paulina a París, però tots dos tenien la sensació que l'altre en sabia més coses que ell mateix. La Gina, amb la informació d'haver llegit i rellegit les tres cartes del Jean-Pierre, no volia delatar la seva mare, tot i que potser ja havia anat massa enllà. I el Manuel, amb tendència a guardar-se els detalls, no estava disposat a capbussar-se en una vida que ja havia donat per caducada feia temps. Va decidir tancar la conversa amb un al·legat sense toga.

—De la teva mare només en tinc bons records. Ni un sol però. Ni un. Mai. Esclar, la convivència, ja t'ho trobaràs, sempre té les seves coses. Però ella va estar a l'altura. Sempre. Jo em sembla que també. Què va passar a París? No ho sé. Ni m'importa. La Paulina va ser feliç, et va estimar a tu amb bogeria, em va estimar a mi i ens ho vam passar molt bé tots tres junts. Va durar poc. Va ser molt més curt del que tots tres hauríem volgut i ens hauria convingut, però la relació, fins que es va morir la mare, va ser impecable. Tu no ho recordes perquè eres molt petita, però, de tant en tant, en algun moment del dia, teníem un ritual que a tu t'agradava molt i que sempre ens demanaves que repetíssim. Tot just començaves a parlar. Devies tenir dos anys, fins als tres o els quatre, suposo. T'encantava. La mare o jo t'agafàvem a coll, ens abraçàvem tots tres, fèiem una rotllana i saltàvem una mica, com si aixequéssim els peus de terra, i cridàvem som una família, som una família, som una família. T'ho passaves pipa, tu. Intentaves dir-ho, a la teva manera, amb les vocals i amb prou feines. Ens feies molta gràcia. T'abraçaves fort a nosaltres i demanaves que ho féssim una vegada i una altra. La mare, tu i jo érem una família. Ho érem, m'entens? I passés el que passés a París, si és que va passar alguna cosa, que ni ho sé ni ho vull saber, només van ser quatre dies. Quatre dies tampoc no donen per a tant, no marquen tota una vida. En això estarem d'acord?

Reveladora rotunditat. El Biel va entendre que el Manuel estava al cas de tot. Més o menys. La Gina va tenir la certesa que la seva mare, potser per remordiments, potser per treure's un pes de sobre, potser per sospesar opcions de futur, potser perquè l'havien notat rara, potser perquè l'havien pescat, havia explicat alguna cosa al seu marit. Fins a on? No ho sabia. Ni ho sabria mai. Tots dos van concloure, però, que la bretxa del temps havia fet taula rasa. Per al pare, potser millor. Si volien saber més d'aquella història, els tocava a ells investigar.

—Biel, tu que vius a Londres, hi ha una pista que hauries de seguir. Si et ve de gust, esclar.

—Ara, ja que hi som, oi? —No ho podia dissimular. Havien estat gairebé vint anys sense veure's, havia perdut tots els cabells, però continuava colat per la Gina. I ella estava disposada a aprofitar-se'n.

—Fa anys, fa molts molts anys, poc després que el meu pare et tragués en pilotes de sota el meu llit, vaig conèixer un noi gal·lès. Un home, vaja. Un conductor d'autobús de Londres. Vam passar un cap de setmana a Salou i ja no n'he sabut mai més res. Mai més. Ja ens estava bé a tots dos, suposo, passar-ho bé tres dies i bona nit i tapa't. Com el vaig conèixer? Això és bàsic que ho sàpigues. El Mark es va presentar a casa, aquesta t'agradarà, amb una targeta de la meva mare. Amb una targeta de visita de la mare a la mà. Paulina Homs tatatà, rambla de Catalunya, el codi, el telèfon i tota la pesca.

—Una targeta, vaja. —Va treure un cigarret del paquet i n'hi va oferir un a la Gina. Era gelosia, allò que el començava a rosegar?

—No, gràcies. A la targeta, amb lletra de la meva mare, hi posava «Truca'm» en francès... «*Appelle-moi*».

—Però per què tenia la targeta, el teu amic? —Va encendre el ros.

—Espera't, home. Això és el que hem de descobrir. Em va dir que havia trobat la targeta dins d'un llibre. Primera pregunta cabdal, quin llibre?

—Això no t'ho va dir?

—No. I és una pista important. I segon, on va comprar el llibre?

—No podia ser que la teva mare li donés el llibre?

—En cap cas. Em va dir que s'havia comprat el llibre i que a dins...

—Com es diu el teu amic anglès?

—No li diguis anglès, que la cagarem. Gal·lès, sobretot. Es deia, es diu, suposo, Granger. Mark Granger.

—A Londres potser només n'hi ha dos mil...

—Però no n'hi deu haver tres que siguin xòfers d'autobús, dels vermells de dues plantes, dels de tota la vida.

El Biel va treure l'aire, perquè ella entengués que hauria de buscar una agulla en un paller i que no li podia prometre resultats.

—Jo, Gina, sóc advocat, no sóc detectiu. Faré el que podré, però...

—Espera, Biel, que hi ha una cosa, per si el trobes, que has de saber. —A veure com ho explico, jo, ara—. El Mark, de fet, a mi no em coneix pel meu nom. Si li dius que vas de part de la Gina, de Barcelona, no sabrà qui sóc. Ell es pensa que em dic... Paulina.

—Perdó???

—Sí, mira, és complicat, però és així: ell va venir amb la targeta de la mare, jo no vaig voler dir que no, la bola es va anar fent grossa i després, al cap de tres dies, em va saber greu explicar-li que... Ho entens?

—No gaire. Sí que ho entenc, no sóc burro, però a vegades tu...

—Està bé jugar de tant en tant, no? —La Gina se li va posar manyaga, per acabar-lo d'estovar.

—I si busco el Mark Granger i el trobo, què?

—Què de què?

—Si follarem, tu i jo, algun altre dia?

—Biel, per favor...

—Què? —es va defensar, teatralment—. Tampoc seria la primera vegada...

—Sí que vas necessitat, noi... —malèvola—. Diria que no ho has tornat a fer des que ens va enxampar el meu pare.

—Dona, que han passat vint anys...

—Per això t'ho dic.

Van riure. Però no li va dir que no. I, amb aquesta il·lusió, i recordant els orgasmes silenciosos de la seva companya de classe, el Biel ja en va tenir prou per tornar cap a la City. Amb un encàrrec precís i un premi incert.

14. Són flors que volen

París, novè dia sense tu

Estimada estimadíssima Pauline,

Fa poques hores que he rebut la teva carta i només amb un gran somriure et puc esbossar la il·lusió que m'ha fet tenir-la a les mans i llegir-la una vegada i una altra. Potser vint!

Avui he tingut un pressentiment. Et vaig dir, oi, que no trec mai el correu de la bústia fins al migdia? Aquest matí, en canvi, per una estranya fiblada, com si se m'hagués empeltat de la telepatia del mentalista que vam veure a Rivoli, no he pogut esperar a l'hora de dinar. A les deu, quan he apujat la persiana de la galeria, he ficat la mà al forat, sense ni mirar-ho, convençut que a dins m'hi trobaria una bona notícia. La sorpresa ha anat, però, més enllà del que havia somiat. Una carta teva, sense remitent. No m'ha calgut ni mirar el mata-segells... Amb la teva lletra escrivint el meu nom n'he tingut prou. He entrat al despatx amb l'emoció d'un adolescent, he obert el sobre amb cura de no trencar-lo i l'he llegit amb el mateix desfici que hem viscut cada minut i cada conversa i cada mirada i cada petó d'aquests quatre dies de foc.

Saps? No m'esperava que em diguessis que el millor moment de la teva estada a París fos... De fet, per dir-ho amb sinceritat, no m'esperava que féssim un inventari d'escenes i situacions. Tot ha tingut la màgia justa, l'ambient, el to, la cura, la tendresa... La confiança mútua. Hem estat bé junts. Tranquils. Sense tabús, ni vergonyes. Sense hipoteques, ni preguntes. Ens hem respectat. En les paraules i els silencis. Saps com és d'important no dir res i entendre's? Saps com és de valuós callar i estimar-se? Te n'havies adonat? T'havia passat mai? «L'home que sent molt, parla poc».

(Juraria que ho va dir un clàssic, però en l'estat d'efervescència en què em trobo mentre t'escric des del taulell de la galeria, ni que em matessin podria dirte quin.)

Pauline, estimada, reconec que d'ençà que vas marxar visc en un oceà de dubtes. Ja en som dos, suposo, si jutjo pel que m'escrius. Però també he acumulat un munt de certeses, i d'una cosa estic segur: tant tu com jo hem aconseguit fer caure les nostres barreres. Ens hem alliberat. L'un davant de l'altre. L'un amb l'altre. I això, estimada estimadíssima Pau, ho tindrem per sempre. Anava a dir que ho tindrem pels segles dels segles. Però m'estimo més dir fins que hi siguem. Fins que vulguem. Les gotes de mel.

Et deia —perdona si vaig d'una cosa a l'altra, però les idees em corren més que els dits a l'hora de parlar amb tu— que no m'esperava que em diguessis que escoltar les cançons d'amor búlgares, a la cuina de casa, mirant-nos als ulls, amb una copa de Riesling i deixant que el foie se'ns anés desfent a poc a poc a la boca, «com un caramel gustós», fos El Moment. Sí que em va semblar, ara ja t'ho puc dir, que et queia una llàgrima... però estava convençut que estaves gaudint del foie d'oca, directe del ganivet a la boca, sense pa ni torrades que l'emmascaressin. Assaborir, aquesta és la paraula que potser vam estar buscant i no ens vam saber dir. Assaborir. L'art, el foie, l'amor, el moment. «*A kiss to built a dream on*», com la cançó. Quatre dies per construir-hi tota una vida al damunt.

«París era una festa —va dir Hemingway— i tu i jo hi estàvem convidats». M'ha encantat aquesta cita que m'escrius. No la coneixia, i és veritat: mentre tu passejaves per la meva vida i pel meu barri, mai la rue de Seine no havia tingut tanta llum al matí. Mai l'heura, al capvespre, havia brillat tant com en els dies que hi vam riure junts. Cada tarda he recordat la claror de quan caminàvem de bracet, però, des que vas marxar, mai més no ha tornat a ser la mateixa. Sabies que Salvador Dalí odiava les postes de sol? Deia que es posava malalt si en veia una. Jo, en canvi, podria curar-me tan sols de recordar la que vam viure plegats a tocar del riu.

Ho veus? Jo també faig servir les adversatives. No només et passa a tu, com em dius en la carta. «He recordat la claror, PERÒ mai no ha tornat a ser la mateixa». A cada afirmació, a cada record, a cada pensament de futur, hi podríem posar un però. És veritat. Jo (i potser t'agradarà de compartir el meu truc) m'estimo més viure sense pors, sense remordiments, amb orgull pel que hem viscut i amb coherència amb el que hem fet. Per què hem de limitar res? Per què ens hem d'encotillar sempre amb un però de més? Per què hem de frustrar-nos amb una frase que mata l'anterior com si fos un joc de cartes en què el rei mata la reina i l'as ho mata tot? No ens castra prou la nostàlgia? Doncs no cal que, a sobre, l'ajudem amb adversatives. Jo, per exemple, hauria d'haver escrit que he recordat la claror del capvespre de quan caminàvem pels jardins de Luxemburg i m'he emocionat per la resplendor que no havia vist mai abans, ni a les pel·lícules. I seria una veritat tan gran com el nostre amor.

Noto, estimada Pauline, il·lusió i vida, que t'estic expressant per carta més del que vaig gosar dir-te en persona. Vull pensar que tot això, que em vaig guardar, ho vas intuir en un gest, en un petó, o quan deixaves que et cantés Brel a cau d'orella. *Moi je t'offrirai, des perles de pluie...* Escric tal com surt, sense manies, sense censures, sense deixar de dir res del que em balla pel cap. Escric des del cor, perquè no hi ha res més lliure, ni res més franc, que expressar el que sents, a raig. En una carta d'amor escrita a mà, com la que tu m'has enviat a mi i que jo ara et corresponc, res no coarta els sentiments, ni els acota, ni els lamina. Les paraules brollen dictades per un impuls lluent i vigorós. Irreprimible, diria. Podem frenar els mots, però els batecs no s'aturen. No s'han aturat ni per un segon des del primer ball al Bois de Vincennes.

El meu dia a dia? T'ho pots imaginar. Envoltat de quadres, recordant com els observaves, un a un, la primera tarda que vas entrar a la galeria. Amb prudència, sense gosar acostar-t'hi. Igual que vas fer amb mi. Ara arribo aquí, encenc els llums i ja no em miro les obres amb els meus ulls, avesats a subhastes i taxacions, sinó que me'ls miro amb els teus: més joves, menys contaminats, més autèntics. Intento endevinar quins et van agradar més i quins no tant. Els dibuixos originals del Christo per embolicar el Pont Neuf, juraria. O potser les planimetries de Vilacasas, que et van captivar. Sabies que als anys cinquanta s'havia instal·lat aquí a París? El vaig arribar a conèixer. El seu marxant em va dur al seu pis de Barcelona per anar a veure obra. *Conseil du Cent* es diu aquell carrer?

Avui han entrat uns turistes americans, un matrimoni, i s'han encapritxat del quadre de Vasarely, el de la col·lecció de l'homenatge a l'hexàgon. Apostaria que a tu et va agradar més el de la zebra, tot i que la primera vegada que te'l vas mirar va semblar que et marejaves. És, segur que t'ho vaig explicar, una característica de l'art òptic de Vasarely. Això el fa especial, diferent de tots els que l'han intentat copiar. Els americans, et deia, s'han assegut al chester de davant de l'hexàgon i han estat una bona estona comentant la il·lusió òptica, el moviment perpetu, *je-nesaispasquoi*... Me n'han demanat el preu i els he dit molts més francs del que val, perquè, de cop i volta, m'he adonat que no el volia vendre. I l'home, insistint que els agradava molt, i que se'l volien endur, o si els el podia fer arribar ben empaquetat a Vermont, fins que l'home, d'una revolada, s'ha arribat a treure el talonari per fer-me notar que, si era qüestió de preu, la casa era forta. Al final els he hagut de dir que era una qüestió sentimental, meva, i que no els volia vendre el quadre i llestos. Doncs s'han ofès. I han marxat mig enfadats i m'han dit una cosa que, si l'he entès bé, potser tenen una mica de raó. Si tinc una galeria d'art i no vull vendre les obres, val més que posi un museu... I això m'ha fet pensar, de seguida, en una altra cosa. Si els quadres que tu vas mirar i et van agradar, ja no me'ls podré vendré mai més, potser sí que és hora de canviar de negoci, perquè aquí ja no en faré ni cinc de calaix. És com un d'aquells contes de l'absurd, de Txèkhov. Els has llegit? Te n'hauria pogut regalar un quan vam ser a Shakespeare & Co. Vaig badar. Celebro, estimada Pauline, que la llibreria t'agradés tant com em dius. Jo, segurament, aprofitaré els propers mesos per voltar pel món i visitar llibreries on, pel que m'he documentat, crec que puc trobar algun llibre o algun catàleg que encara no tinc per a la meva col·lecció. Per què col·lecciones llibres de papallones?, em vas preguntar el vespre del sopar a la Brasserie Lipp. Perquè són flors que volen. Perquè són sorpreses de colors. Perquè, angelicals i fràgils com són, segur que amaguen algun misteri. I perquè, poesia al marge, vaig heretar caixes i caixes de papallones del meu avi que ell mateix havia anat clavant sobre suro, amb cura, amb agulles de cap que jo li anava donant d'una en una. La meva fascinació, com tantes coses, ve del passat. Potser, estimada Pauline, no busco les papallones; tan sols busco tornar als dies feliços de la infantesa amb l'avi-heroi al meu costat. Al capdavall, no ens passa a tots, això? No dediquem la vida a buscar indicis de la felicitat passada? No ens passa a tu i a mi, això mateix, ara i en aquest moment?

Estimada Pauline, em demanes amb una certa por si et penso respondre la carta. Per què no ho hauria de fer? Només tindràs silenci quan entengui que vols silenci. Quan no tingui notícies teves sabré que necessites que m'allunyi i que m'esfumi. Saps quant viu una papallona abans de desaparèixer? No solen arribar a les dues setmanes. A tot estirar, i segons quina espècie, poden arribar a aguantar un any. Jo, francament, espero viure en tu molt més temps que tot això. Igual que tu ho faràs en mi. Encara que no ens parlem o que no ens vegem, ens tindrem. Sempre. Sense peròs. Ens tindrem. Aquesta és la veritat més absoluta que he escrit en aquesta carta sentida i emocionada, com no n'he escrit cap altra.

Teu. Sempre teu. Orgullós de tu i de nosaltres.

JEAN-PIERRE

PS. Tal com em demanes, et responc per correu a través de la Julie, la núvia més radiant que hagi passat per l'altar. La teva cosina decidirà si aquesta carta mereix que et sigui reenviada i quina és la millor manera de fer-te-la arribar. No m'agradaria comprometre't. No em perdonaria posar en risc la teva estabilitat. No voldria que, per amagar una història tan de debò, haguessis de dir mentides.

15. Una terrassa sobre el Watergate Walk

La Gina sabia que l'encàrrec que tenia el Biel no era fàcil. No era d'avui per demà. Però, comptat i debatut, ja feia una setmana que s'hi havia posat i encara no en tenia cap resultat. I, encara pitjor, tampoc cap informació. Cada dos per tres, ja fos corrent sobre la cinta del gimnàs, arrepapada al sofà de casa o fent classe sobre la llum en Piero della Francesca a mig centenar de pòtols universitaris que només semblaven pendents del mòbil, li venia el flaix. Pensava que no passaria d'aquella nit que truqués al Biel, a Londres, per si havia aconseguit parlar amb el Mark. *No news, good news*: se'n volia convèncer. Però sabia que no sempre és així. En aquest cas, el neguit per l'absència de notícies començava a irritar-la.

I just aleshores, un dimarts d'octubre, en la foscor absoluta de quarts de nou, al pàrquing dels professors de la Facultat d'Història de l'Art, just quan acabava d'arrencar el cotxe després de donar dues hores de seminari a un grup de tercer, li va sonar el telèfon. Biel Santos. En veure el nom de l'amic advocat a la pantalla, va tornar a apagar la ràdio, els llums i el motor.

—Digue'm que l'has trobat.

—Collons, Gina, ja no em dius ni hola?

—Digue'm que sí...

—Sí, sí, sí. —Estava content, però no tant com ella. Va deixar que la Gina ho notés.

—Què passa?

—Res... —Necessitava temps per explicar-ho.

—Sí que passa alguna cosa. Et conec.

Sincerament, no sembla la mateixa persona que em vas descriure. Ni de bon tros. Si parlem del Mark Granger, és, amb totes les lletres, un home acabat. No arriba als seixanta, tenies raó, però ja ha tancat la barraca. I pel que he vist, i t'asseguro que acabem de compartir una bona estona al Gordon's, no crec que torni a aixecar el cap. I segurament té un motiu, però això ho he sabut després. De fet, ja em va costar localitzar-lo, trobar-lo i poder quedar amb ell. Les pistes que em vas donar devien ser precises, però escasses i antigues. M'havies dit que treballava com a conductor d'autobús a Londres. El punt de partida era bo, però així que vaig endegar la recerca tot es va tenyir de silenci i misteri. Esbrinar qui opera els autobusos va ser senzill. Transport for

London contracta Stagecoach Bus, que és l'empresa que té el personal en nòmina. Vaig preguntar per un conductor, Mark Granger, sense més pistes, i per telèfon no me'n vaig sortir. Per internet, a través del correu de la companyia, tampoc no vaig tenir més èxit. Després d'una setmana d'intentar-ho, me n'hi vaig anar en persona i encara va ser pitjor. No es refiaven de mi. Per què ho vol saber? Qui és vostè? No sap que els nostres treballadors tenen dret a la privacitat? Què es pensa que és, això, Espanya?

I jo, allà, renyat, com si estigués intentant descobrir qui va matar Kennedy. De debò que em van fer sentir malament i tot. Al final, vaig sortir de l'oficina i vaig optar per una via més directa. M'esperava en una parada d'autobús, al final del trajecte, i mirava de parlar amb algun conductor que aprofitava els cinc minuts d'esbarjo per fumar un cigarret. Tampoc el coneixia ningú, ni me'n sabien donar raons. Mark Granger, em deien, a més a més, és un nom molt comú. Només una dona, una conductora de la 15 que escopia com un home, em va donar una pista.

—Mark Granger? Em sona molt... —Va rumiar-s'ho cinc segons—. Vostè sap si és un home a qui li falta un dit?

—Sí, sí. Ha de ser ell.

—Doncs ja no el trobarà per aquí. La companyia el va prejubilar, crec.

—Sap on el puc trobar?

—Ni idea, noi. Provi-ho en algun pub.

Va escopir a terra, va pujar al 15 i va tornar a engegar la ruta.

A falta d'indicis més precisos, ho vaig provar entre col·legues. Vaig buscar l'advocat de Stagecoach, em vaig presentar, em vaig inventar una història d'una herència a Barcelona i li vaig explicar que, pel bé del Mark Granger, l'havíem de localitzar tant sí com no. Va arrufar el nas. Suposo que es va ensumar la mentida, però es va aixecar, em va deixar sol a la petita sala de visites on m'havia rebut i, en tornar a entrar, ja no es va asseure. Com qui no vol la cosa, es va limitar a deixar un tros de paper amb un número de telèfon.

—Jo no li he donat res.

—No, no. Vostè i jo no ens hem vist.

—El Granger ja no treballa aquí.

I va marxar sense donar-me la mà i sense voler-me dir, tampoc, per què ja no feia de xòfer d'autobús. Vaig trucar al Mark des de la mateixa saleta de Stagecoach, però no me'l va agafar. Ho vaig tornar a intentar aquella tarda, sense sort. A la nit, però, al voltant de les deu, sí que s'hi va posar.

—Mark Granger? Miri jo...

—No estic per brocs. Què collons vol?

—M'agradaria que poguéssim parlar...

—Qui és vostè?

—Em dic Biel Santos, sóc advocat de...

—No serveixen de res, els advocats.

No em va semblar que anés begut. Ni que estigués especialment tocat. Molta gent abstèmia pensa com ell sobre la nostra feina. I quan vaig intuir que m'anava a penjar, em vaig jugar el trumfo, a la desesperada.

—La Paulina Homs! Li truco de part de la Paulina, una noia que va conèixer a Salou, ja fa uns quants anys. Bé, la va conèixer a Barcelona, però tinc entès que van anar a passar uns dies a Salou... Mark?

No va dir res. La sorpresa o la nostàlgia, o un esforç de memòria, li impedien parlar. El sentia respirar i prou. Finalment, es va llançar.

—Ja no vull més desgràcies... Què ha passat?

—No, no. No res. Ella està bé.

—Què vol, doncs?

—Que ens veiem i que parlem, d'ella, de part d'ella, té una pregunta a fer-li. Jo sóc a Londres i ens podríem...

—Demà al Gordon's de Villiers, a les sis.

I va penjar.

Villiers va resultar ser un carrer. Un pas estret i fosc que va de Charing Cross als Victoria Embankment Gardens, a tocar del riu. Hi havia passat alguna vegada, però mai m'havia aturat a mirar-ne el nom. És un carrer sense cotxes però amb molt moviment de gent atabalada que va, amunt i avall, d'una parada de metro a una altra. El Gordon's, tampoc calia ser el Watson per endevinar-ho, era un pub que hi havia a tocar de la casa de Rudyard Kipling. En això sí que m'hi havia fixat, perquè hi ha una d'aquelles rajoles blaves, rodones, tant de Londres, que t'explica qui va viure allà des de no sé quan fins que hi va morir. El Gordon's, del carrer estant, no és més que una paret folrada de negre, de pub de tota la vida, d'aquelles que així que t'hi acostes fa olor de cervesa i de pixum de gos. Un antre d'aquells on tu i jo no entraríem mai. A les sis, però, ja em tenies a dins amb una pinta a la mà. Al tercer glop, hi va entrar el Mark. Ni tenia els cabells negres, ni tenia les faccions dures, ni estava fibrat. Si arriba a ser només per la teva descripció, no l'hauria reconegut. El Mark Granger, que ho sàpigues, se t'ha transformat en un calb amb papada i amb la tristesa als ulls. Mirant-li discretament els dits, en vaig tenir prou per saber que no m'equivocava d'home. Va agafar la seva gerra amb una mà i un grapat d'avellanes amb l'altra.

—Vingui, aquí no es pot fumar.

El vaig seguir fins a fora. Caminava amb les espatlles avall. Em va dur a un carreró obert que sembla un camí privat. El Gordon's té una terrassa sobre el Watergate Walk, un passatge encara més estret, humit i ombrívol. Per allà no n'hi caminen tres de costat. I amb les taules del pub en un cantó, encara menys. Ens vam asseure en una, hi vam deixar les cerveses al damunt i el teu amic va posar les avellanes en fila índia. No saps com estava de brut aquell taulell.

—S'ha casat, la Paulina?

—No, no.

A mi em costava déu i ajut no dir-li, vostè, de fet,

amb qui va estar en realitat a Salou va ser amb la Gina, però ella es va fer passar per la seva mare perquè vostè havia arribat amb una targeta de la Paulina a la mà. I ella, per jugar, per no trencar l'encant, no va trobar el moment de dir-li la veritat. I jo, al Gordon's, tampoc no ho vaig fer. Em costava, però, no ficar la pota i no parlar de tu amb un altre nom que no fos el de Gina.

—Té fills?

—No, no tampoc.

—Amb divuit anys, era una nina. Un cos perfecte...

En això, ja em perdonaràs, li vaig donar la raó. El Mark Granger, però, ja no és ni un vividor, ni un paio feliç, ni divertit com dius que va ser a Salou, fa vint anys. El teu seductor ara no aixeca la vista dels peus. I no m'estranya.

—Li passa res? —li vaig preguntar.

—A mi?

—... —Al voltant només hi teníem oficinistes que, en plegar de la feina, feien el ritual de cada tarda—. Sí.

—Ha vingut de part de la Paulina a preguntar-me com estic?

—No. Però el noto...

—Vol que l'hi expliqui? Vol saber què em passa? —Va fer un glop llarg—. Què li diuen els noms d'Anthony, Jamie, Giles, Marie, Miriam, Shahara, Neetu, Sam, Shayanuja, Anat, Philip, William i Gladys? Ells són el meu drama.

Em vaig descomptar amb els noms. Els va dir seguits, de memòria, sense dubtar. En acabar, es va empassar dues avellanes sense mastegar-les.

—Els vaig veure morir tots tretze, davant dels meus nassos. No sap qui són, oi?

—Ho hauria de saber?

—El 7 de juliol em van assignar la ruta del 30, la que va de Hackney Wick a Marble Arch. Vostè què sap de mi?

—Francament, poca cosa.

—Sap que jo conduïa autobusos, suposo...

—Sí, sí. Això m'ho ha dit la Gi... la Paulina.

—A partir de les nou del matí tot es va complicar. Pujava gent a l'autobús i deia que hi havia explosions al metro, a Aldgate, una bomba a Edgware Road, una altra a Russell Square. La gent pujava i explicava coses que havia sentit per la ràdio o que li havien dit. Ningú no sabia res del cert. La confusió en hora punta anava a més, minut a minut, i de seguida la policia va tallar carrers, en va acordonar uns altres i ens va fer variar la ruta. El 30 mai no puja per Upper Woburn Place, però no deixaven passar ningú per King's Cross i havíem de tirar cap a una altra banda. L'embús era monumental. Els autobusos ens atrapàvem els uns als altres, en caravana. Un 30 rere l'altre, a poca distància. A Euston carregàvem tot de gent, desorientada, espantada, sense saber on els duríem. Senzillament volien fugir del metro, allunyar-se'n tant com poguessin. En arribar a Tavistock Square, a l'altura del British Medical, jo estava aturat i, davant meu, de cop i volta vaig veure l'infern. L'autobús que tenia al davant, un 30 idèntic al meu, va explotar. La deflagració va arrencar-li tot el sostre, de cop. Mig autobús, de la part del darrere, va desaparèixer. L'autobús, les persones que hi anaven, les butaques blaves, tot... Va sortir tot i tothom volant al meu davant. En un segon, havia pujat molt amunt i s'havia desintegrat. No es pot imaginar el que és. Fins que no estàs dins del malson, no te'n pots fer el càrrec.

No sabia què dir-li.

—Des del 2005 li asseguro que no hi ha hagut dia que no hi hagi pensat, no hi ha hagut nit que no m'hagi despertat amb un ensurt, com si tornés a explotar tot.

—Ho sento molt, Mark. M'ha deixat sense paraules. —El vaig agafar per l'avantbraç.

—Digui-li a la Paulina que els Granger sempre ens n'escapem pels pèls. Però aquesta vegada gairebé m'hauria estimat més que... Qui ha vist l'infern hi queda atrapat. No se'n pot sortir.

—Em sap molt greu. Ara entenc que es jubilés abans d'hora...

—Vaig estar uns dies ingressat, pel xoc. Després em van donar l'alta de l'hospital, però no van trigar a donar-me la baixa definitiva per treballar. Síndrome d'estrès posttraumàtic, em van dir. Perquè ens entenguem, que t'han follat la vida per sempre més.

—Vaja, em sap molt greu. Molt, Mark.

—Van pujar a l'autobús per fugir del metro i van morir igual. Que bèstia, la vida, que cruel, l'atzar.

—Al Qaida, si no recordo malament?

—El que es va fer explotar, amb la motxilla, en tenia divuit. Entre els quatre suïcides, se'n van carregar cinquanta-dos. En menys d'una hora, bona nit. Qui ha vist l'infern, no en pot sortir. Ningú no em convencerà del contrari.

El Mark era un home amortitzat. I jo era allà per una targeta, per un llibre, per una pregunta que, en aquell moment, gairebé em va semblar ridícula... Em vaig sentir imbècil. Però ja que hi era i que l'havia trobat, i que m'havia volgut rebre, vaig intentar reconduir la conversa. Ja saps, Gina, que sempre he estat un home de tacte.

—Vostè, pel que em va dir la Paulina, era molt bon llegidor.

—Sí, és veritat. Bona memòria... —Va somriure per primera vegada, amb l'orgull del seductor que en algun lloc encara devia portar a dins—. Espero que recordi alguna cosa més, de mi.

—Ara, Mark, no sé si en té gaires ganes, d'agafar un llibre?

—Ganes? Pse. No tinc ganes de res. Ara que el que tinc és temps. Ho intento, sí. Llegeixo, de tant en tant. Agafo un llibre perquè em penso que em distrauré, però me'n canso de seguida. Ho deixo tot a mitges. La realitat que vaig viure és tan bèstia que no hi ha cap història que aguanti la comparació. Tot em cau dels dits.

—No està per brocs, ja ho entenc. Li puc dir, a veure si ho recorda, el què li demana la Paulina?

—Endavant.

—Vostè es va presentar a Barcelona, amb una targeta de la Paulina...

—Correcte.

—Una targeta que havia trobat dins d'un llibre...

—I que hi posava, en francès, «Truca'm».

—*Appelle-moi*, exacte. La pregunta, de fet, és doble. Recorda a quina llibreria va comprar el llibre?

—I la segona?

—Recorda dins de quin llibre va trobar la targeta?

—Ves per on, encara seré útil a algú, per una vegada. Jo en aquella època comprava molts llibres, molt a prop d'aquí. O anava als llibreters de vell del Covent Garden, o quan buscava alguna novetat o una novel·la més específica, anava més amunt, a Charing Cross. Sap la llibreria Foyles?

—Hi he passat per davant, per venir cap aquí.

—A baix hi ha un soterrani amb alguna butaca per seure i llegir. Va ser allà que vaig agafar una novel·la de John Fowles i em vaig acomodar per començar-la a llegir. A vegades em llegia el primer capítol i, si m'agradava, me l'emportava cap a casa. I, potser allà assegut, o potser ja a casa meva, d'una pàgina qualsevol en va sortir la targeta de la Paulina, que vaig interpretar com un senyal.

—Una novel·la de John Fowles, ha dit?

—*El col·leccionista*. L'ha llegida?

—No, no... Els advocats llegim llibres més densos. —Vaig sentir la necessitat absurda de disculpar-me—. És bona?

—Està molt bé. És la d'aquell jove, de Londres, que és un noi introvertit, ultratímid, que resulta ser un maníac sexual que segresta una estudiant. I quan la té tancada a casa la tracta amb delicadesa. És això que en diuen un thriller psicològic, però està molt ben escrita.

—I què col·lecciona el protagonista?

—No l'hi he dit? Papallones. Col·lecciona papallones.

La Gina, encastada al telèfon, havia deixat que el Biel li expliqués tota la investigació i la seva trobada amb un Mark convertit en desferra, víctima col·lateral del pitjor atemptat en terres britàniques des de la Segona Guerra Mundial. Sentia una pena pregona per aquell home que havia aparegut, com un àngel, en el moment que ella se n'anava de casa, després d'una baralla amb el seu pare. De cop i volta, però, en sentir la paraula màgica, havia hagut d'interrompre la narració adornada del seu amic advocat.

—Te n'adones, Biel? Recordes què li deia el Jean-Pierre a la mare a la primera carta? Ella li pregunta, sopant a no sé on, per què col·leccionava llibres de papallones. El Jean-Pierre no col·leccionava papallones, sinó llibres sobre papallones.

—Per què et penses que t'he trucat eufòric, Gina?

—I on li va posar la mare la targeta? Bravo, Biel. Això sí que és una pista. Tu creus que la mare va anar a Londres, a la Foyles, a omplir els llibres de papallones amb targetes seves?

—L'amor no deu ser això, una bogeria?

—Però i si no va ser només a Londres? El pare em va dir que havia viatjat molt, els últims anys.

—T'ho imagines?

El Biel va penjar, satisfet. Me'n deu una, va pensar. I estava convençut que un dia o altre s'ho cobraria de la manera que més li agradava. Somiava a viure, ni que fos un més, un d'aquells orgasmes silenciosos de la Gina. Ella, però, pletòrica per la descoberta, ja no va pensar més en el Biel ni en el pobre Mark Granger. A partir d'aquell moment, només tenia un objectiu. Fos com fos, l'havia de conèixer. Havia de trobar el Jean-Pierre.

16. L'HOME QUE PASSEJA

París, primer aniversari sense tu

Estimada estimadíssima Pauline,

T'escric, tal com em vas demanar a la teva primera i única carta, a través de la meva bona amiga i cosina teva.

(Per cert, Julie, em fa feliç saber que estàs embarassada, que serà una nena i que li posaràs Fabienne. L'has encertat també amb el nom. Felicita l'Alain, de part meva. Us suposo molt il·lusionats. Abans de l'hora curta, ho hem de remullar per celebrar-ho. El xampany el poso jo, vosaltres trieu el dia.)

Estimada Pauline, ara sí:

Moltes vegades, durant aquest any, t'he volgut explicar coses. De pintors que he conegut, de peripècies de casa, o de la feina, de bagatel·les de barri, de colors de papallones que m'han sorprès, de viatges que he fet, de llibreries que he vist, de músiques que he escoltat i que m'han emocionat mentre pensava en tu. O de plats que he tastat, amb sabors nous, i que m'hauria agradat que en comentéssim cada gust, cada... Com deus haver vist, me n'he estat. De ganes no n'han faltat mai. Ni un sol dia. Ni d'escriure't, ni de veure't, ni de tornar-te a acariciar. Si no he gosat fer-ho, amor meu, és perquè he entès que al teu silenci hi havia de correspondre amb silenci. Ja et vaig dir que, del meu comportament, mai no en tindries queixa. No seria nosa ni corcó. Ni t'incomodaria ni et perseguiria, per més que me'n morís de ganes. I així ha estat fins avui. Si tu parles, jo parlo. Si tu calles, jo callo. Sense retrets.

Però avui, Pauline, me n'ha passat una que no me'n puc estar d'explicar-te. Per això he carregat l'estilogràfica, he agafat el paper més bonic que he trobat a la galeria i m'he disposat a escriure't, amb la certesa de saber que no et sabrà greu. I, menys encara, quan escoltis la història.

Just avui, com si sabés que fa un any del nostre últim petó, l'home que passeja ha entrat a la galeria i ha anat directe a la lito del Warhol, l'única que tinc, al fons de tot.

De l'home que passeja em sembla que te'n vaig parlar, però no estic segur que l'arribessis a veure. L'home que passeja és un veí del barri que ningú no sap qui és, ni on dorm, ni a què es dedica, però que cada dia del calendari, des de fa una pila d'anys, potser fa vint vegades la rue de Seine amunt i avall. Va per una vorera i desfà el camí per l'altra. Des del riu a Saint-Germain-des-Prés. I torna. Sempre a peu. Estiu i hivern. Com si comptés les passes. Ningú sap del cert si és viu o és mort. No sabem si és un *clochard* o un *boulevardier*. Jo m'inclino a pensar que ni una cosa ni l'altra, per bé que té més l'aire d'un captaire desorientat que d'un espia. Als seixanta tocats, pel que he llegit, als espies ja no els volen. Les coses com són: mai ningú no ha vist que l'home que passeja demani almoina i, per la manera com vesteix, no sembla que li falti un franc, però tampoc no asseguraria que mai n'hagi tingut dos. El meu diagnòstic és, més aviat i dit amb tot el respecte, que es tracta d'un pobre sonat amb algun trastorn o, què sé jo, d'algú que potser arrossega una vella seqüela de la guerra. L'home que passeja sempre va sol, no du paquets i no hi ha manera que tregui les mans de les butxaques. A l'hivern, a les de l'abric. A l'estiu, a les dels pantalons, que (et faria molta mania) li van un pam curts. Sembla, talment, que les amagui, en un gest de timidesa extrema. L'home que passeja no parla, farfalleja, té la boca guerxa i té una nou del coll exagerada, com només he vist en alguns homes russos. Doncs bé, avui a primera hora de la tarda, mentre jo parlava per telèfon des del taulell de l'entrada, l'home que passeja, per primera vegada a la vida, ha obert la porta de la galeria. Un moment històric, Pauline: ha entrat sense fregar-se els peus a l'estora i ha tornat a ficar-se la mà a la butxaca. Abans que jo pengés, ja el tenia a dins, sense un *bonjour* ni fer cap gest. M'he espantat i tot, la veritat. No ha dit res. Amb la barbeta, m'ha assenyalat al fons de la sala, en direcció als llavis de la Marilyn de l'Andy Warhol. Recordes la litografia dels cinc llavis, de colors, que tenia al costat de la porta del despatxet? Doncs l'home que passeja s'hi ha anat acostant i, en un anglès amb un accent que m'ha sonat a nòrdic, només m'ha dit una cosa: «Està tort». No m'ho ha semblat, en absolut. L'home que passeja, però, palplantat, ha continuat mirant els llavis de la Marilyn Monroe i, aleshores, també en anglès, li he preguntat si li agradava. I saps què m'ha respost? «Està tort». I sense dir res més, ha girat cua i, tal com ha entrat, ha sortit: amb el cap cot, els peus lents i les mans a les butxaques. I al cap d'una hora ja l'he vist tornar a passar per la vorera del davant, com tantes vegades cada dia, des de fa tants mesos, plogui, nevi o faci una calor que s'hi torren les castanyes. No li he gosat preguntar què busca, ni d'on és, ni per què camina tot el dia. M'hauria agradat saber per què carai vaga com un fantasma amunt i avall, per què no diu mai res a ningú, per què sembla que només hi hagi un carrer al món per passejar, què hi troba de particular a la rue de Seine. ¿Ho hauria d'haver fet, estimada Pau? He pensat, sincerament, que no hi tenia dret. M'ha sabut greu que l'home que passeja tingués la sensació que, més que ajudar-lo, només em preocupava per ell a l'hora de tafanejar. Ficar el nas a la seva història podia semblar que em situava en un estadi de superioritat, no trobes? I he pensat que, al capdavall, cadascú visqui com pugui la seva comèdia amarga. I que faci el que vulgui. Ningú no és ningú per demanar explicacions. Es tracta d'això, la vida privada, oi?

Així que l'home que passeja ha estat fora, m'he afanyat a buscar l'anivellador magnètic i l'he posat al damunt del marc. A cop d'ull jo el veia bé, recte. M'hi hauria jugat un peu. Però, oh sorpresa, la bombolla sortia lleugerament de les marques perquè el quadre, efectivament, pujava més d'aquí que d'allà. La culpa, de seguida ho he vist, era d'un clau del darrere que s'estava deixant anar. Com pot ser que el nòrdic errant ho hagi vist des del carrer, si sembla un badoc de set soles? Si juraria que mai no ha mirat cap aparador... Aleshores, buscant alguna explicació a tot plegat, he pensat quin dia és avui i, potser et semblarà naïf, però ho he relacionat tot. Saps com es diu, estimada Pau, el quadre original del Warhol? *I love your kiss forever forever*. I he pensat, posseït per un esperit gens racional, que era un senyal cap a mi, cap a nosaltres. L'home que passeja ha entrat a donar-me un missatge per dir-me, recorda que avui fa un any que li vas fer l'últim petó a la Pauline i que estaria bé que li escrivissis i que li diguessis hola sóc aquí, encara hi sóc, per al que vulguis, quan vulguis, sense pressa, perquè la vida dóna moltes voltes i ara ens pensem que això serà per sempre, i que ara i aquí hi estem tranquils i conformats però demà potser estarem en una altra banda i, quan aquest moment arribi, jo seré al teu costat i tornaré a besar els teus llavis dolços, quatre dies més, o quatre mesos o quatre anys o quaranta, que això no se sap mai, estimada Pauline. Jo, amb tu i per a tu, sempre hi seré.

Ha passat el temps, sí. Un any, i ja veus que res no s'ha refredat en mi. Ha estat l'any més curt perquè t'he sentit a prop i l'any més llarg perquè no t'he vist. A la vida, d'això en vam parlar mentre suaves amb una sopa de ceba a l'estiu al cafè Les Deux Magots, hi ha un abans i un després de moltes coses. A tots ens ha arribat un dia o altre el joc de classificar i dividir el nostre camí. Hi ha un abans i un després de la majoria d'edat, un abans i un després de la mort dels pares, un abans i un després del primer sou o de la primera vegada que fas l'amor, o de la primera vegada que et falla un amic (tot això, dolorós i decebedor, també ens ha passat a tots). Però a la meva vida no hi ha un abans i un després de tu. Només hi ha el durant. Quatre dies de foc i màgia i el temps va quedar allà, aturat. Suspès en la il·lusió. Amb la descoberta que l'amor (amb majúscules, com el nostre, amb tots els qualificatius que hi vulguis posar) no és possible sense pena.

I benvigut sigui, què carai, aquest clau al cor.

Hi ha una cosa que no sé si dir-te perquè fins i tot a mi em fa vergonya. Però la intimitat de les cartes permet aquestes coses. T'ho dic, doncs, i ja està. Amb el desig que no et sabrà greu...

Vint dies després que te n'anessis, encara no feia ni un mes, vaig entrar a les Lafayette, vaig anar a la secció de perfumeria i em vaig comprar una ampolleta de Chanel Nº 5 que, tant sí com no, em van voler embolicar de regal. A casa, vaig treure la cel·lofana i la capseta i vaig posar l'ampolla al calaix on guardo el material de les urgències: tisores, clips, grapadora, retoladors per si de cas, sobres, cel·lo i, ara, l'ampolleta de perfum. De tant en tant —no pas cada dia— la destapo, tanco els ulls, l'ensumo i torno a estar amb tu. I sento la teva vaga olor de flors, de taronja amarga, de gessamí de la nit del casament. No te'l vas posar cap més dia, l'havies guardat per a aquella ocasió especial (més per a la Julie que per a mi), però jo, cada vegada que destapo el perfum, noto la pell del teu coll suau en els meus llavis. I, amb el teu permís, t'hi faig un petó. I els teus ulls riuen, i s'axinen com cada vegada que rius, com quan em va sortir d'intentar ensenyar-te a ballar un sirtaki mentre passejàvem pel costat del Sena, de camí de casa meva, i tu lluïes esquena amb un vestit que, a hores d'ara, hauria d'estar exposat al museu del bon gust. Un sirtaki sobre les llambordes humides. Quina pretensió, la meva. I quin ridícul que devia fer cantant i ballant a la grega, sense saber-ne gaire. Però com reies, estimada.

Sabies que Coco Chanel va demanar que li creessin un perfum de dona que fes olor de dona i li van portar el Nº 5? El miracle és que no hi ha dues dones que facin la mateixa olor. No hi ha dues dones que reaccionin igual al mateix perfum, i la teva pell, jove i dolça, és, diria, autèntica vainilla de bourbon.

Jo estic bé. Menjo, em cuido i penjo i despenjo quadres. Els turistes, t'ho pots imaginar, continuen tenint els gustos de sempre. Com més color, més sortida. No hi ha secret: els còmics de Lichtenstein, les banderes de Jasper Johns i, ara, els collages de Gilbert and George, dos joves britànics que agraden molt. No fa gaire vaig vendre el Le Corbusier que tenia a l'aparador la primera vegada que vas venir a la galeria. Ara, al cavallet de l'entrada, hi he posat uns grafits polítics de Jacques Villeglé. L'aspecte de pòster sempre crida l'atenció del vianant d'estiu. Ja era hora, per cert, que arribés la calor. Aquest any he aprofitat el fred de París per voltar pel món... Tot continua a lloc. He buscat el bon temps, però, sobretot, he buscat llibres. Papallones, ja saps. N'he trobat alguna, en un catàleg que vaig comprar a Buenos Aires, de gairebé tan bonica com tu. De vegades la miro, tan verda i brillant, i em sembla que somrigui. Tot em somriu, de fet, des que ens vam conèixer. Et passa el mateix, a tu, estimada Pauline, o sóc massa agosarat d'imaginar-m'ho així?

M'acomiado parlant, de nou, de l'home que passeja. Has escoltat mai les cançons de Schubert del caminant? *Der Wanderer*, cançons per a barítson. Busca el disc. Posa-te'l, en un moment de pau. Tanca els ulls, tu també, i escolta-les amb el cor. Pensa en mi. Jo estaré pensant en tu. Com sempre. Per sempre.

Estimada Pauline, no et puc dir que t'enyoro perquè et tinc.

Ens tenim.

Ja ho saps.

JEAN-PIERRE

PD. En la primera carta que et vaig enviar t'esmentava la frase d'un clàssic. Ni la recordava completa, ni sabia qui n'era l'autor. Era de Plató, el més savi de tots. Faltaven quatre-cents anys perquè nasqués Jesús i ell ja va saber dir una veritat com un temple: «La més gran declaració d'amor és la que no es fa; l'home que sent molt, parla poc».

Quanta raó. No trobes, estimada?

17. Un món dins del món

Els rodals de la Torre dels Clergues eren més oberts i diàfans del que la Paulina els havia imaginat. Des que el tren havia abocat el matrimoni Castro Homs a l'estació de São Bento, Porto els semblava menys fosca i atapeïda del que pensaven en les llargues hores en tren des de Barcelona. Abans d'arribar a un lloc per primera vegada, qui més qui menys tothom s'ha fet una idea de les llums, dels carrers, dels colors i les olors que l'esperen. Les guies —les útils i les que no ho són tant— tendeixen a igualar racons i a sintetitzar postals en el cervell dels viatgers. Després d'una primera passejada, trepitjats els carrers i escrutats edificis i clarors, les expectatives s'evaporen i el visitant comença a tenir una visió enfocada de la realitat. Porto, de seguida se'n van adonar, era una ciutat d'aquarel·la, especialment en la façana marítima. La Paulina, a més a més, es delia per les ciutats travessades per un riu.

Significava que eren ciutats contrastades, amb bàndols. I, potser també, perquè agafaven l'aire de París. Per damunt de tot, però, la fascinaven les ciutats amb funicular, perquè volia dir que hi ha on enfilar-se per tenir una vista orgullosa, a vol d'ocell. A Porto hi tenia les dues coses. I una Livraria que l'esperava a la rua das Carmelitas.

De l'estació a l'hotel, a la riba del Douro, hi van anar a peu. Per estirar les cames i perquè, per només dues nits a Portugal, havien carregat una sola maleta amb les mudes justes. Al Manuel, així que va passar la porta giratòria d'un tres estrelles amb pretensions, ja l'esperaven al vestíbul de l'hotel. Dos homes encorbatats l'havien de dur a un polígon de Rio Tinto a negociar uns contractes farcits de clàusules enrevessades. Va registrar-se a recepció, li va fer un petó sec a la Paulina i ja no va ser a temps de pujar a l'habitació 204, ni per rentar-se les mans i treure's l'olor ferruginosa del tren, que tanta mania li feia. La Paulina, a dalt, s'hi va estar molt poca estona. El temps just d'obrir la maleta, desar la roba a l'armari i amagar, entre la camisa de dormir, la capsa de targetes personals que portava per estrenar. Se n'havia fet imprimir dues capses de cinc-centes a Cromoherma, l'empresa d'arts gràfiques dels germans Baldrich, al carrer de l'Àngel, a tocar de l'estació de Fontana. Acostumaven a agafar comandes més grans, els Baldrich. Més artístiques, de més lluïment. De targetes, no n'havien fet mai. Però la Paulina en va tenir prou amb dues caigudes de parpelles perquè no li sabessin dir que no.

Va obrir la capseta, en va treure un grapat —potser una trentena— i va omplir el targeter que s'havia comprat per a l'ocasió. Se'l va posar dins del bolso, i amb el neguit de qui cometrà una malifeta, va sortir a agafar un taxi.

—A la llibreria Lello, sisplau.

—*Livraria Lello e Irmâo*? —Li havia tocat el primmirat amb els turistes—. *A Das Carmelitas, senhora*?

—Sí, sí.

La Paulina no havia vist mai una façana de llibreria imponent com la de Lello. Un edifici neogòtic singular, amb acabats modernistes de pedra blanquinosa. Li va semblar més una església que una botiga. Ella, però, hi anava amb una idea i, en aquell moment d'obcecació, no estava per aturar-se a contemplar la filigrana arquitectònica. A dintre, el primer cop d'ull sí que la va impactar. D'entrada, la gran escala de fusta que marcava tota la llibreria li va recordar l'escalinata del *Titanic* que havia vist en un llibre que rondava per casa. Era una escala senyorial, amb l'envellir noble que té la fusta fosca. Després, en alçar el cap i adonar-se de la giragonsa que feia l'escala, com una panerola gegant desenmandrint-se, va quedar extasiada. Amb els rètols en portuguès, no li va costar orientar-se. El que buscava havia de ser al primer pis. Un cop allà, es va adonar que l'escala feia una panxa que semblava màgica, com si hagués quedat sostinguda en el no-res. El sostre, un vitrall acolorit de cap a cap, era una altra obra d'art que il·luminava tota la Lello —e Irmâo—. Es va endinsar pel corredor, que li va semblar que la duia cap a la naturalesa, i va plantar-se davant dels llibres d'animals. En mirava els lloms, un a un. Una dependenta, que marcava preus, es va oferir a ajudar-la.

—Busco si tenen res de papallones.

—... —També li havia tocat la dependenta primmirada amb l'idioma.

—*Mariposas. ¿Libros de mariposas?*

—Ah, *borboleta*, vol dir.

N'hi va treure tres, els va deixar sobre una tauleta supletòria i va continuar enganxant etiquetes. La Paulina va fullejar-los. No li semblaven llibres ni gaire vells ni massa nous, ni especialment originals, ni irresistiblement bonics. Però a un col·leccionista no se sap mai quina peça li falta. Els obria, passava fulls i, de tan nerviosa com estava, no veia res, ni fotos ni dibuixos ni sants. *Borboletas* per totes bandes, això sí. Es tractava de semblar interessada. Com si dubtés. Fer temps per esperar que la dependenta s'allunyés de la zona de control. Quan li va semblar que ningú no la podia veure, va agafar el targeter de dins el bolso, en va treure tres targetes, en va entaforar una a dins de cada llibre, cap al mig si fa no fa, i els va tancar amb un gest resolut. Amb el cor bombant com si acabés d'escanyar un pitbull, va tornar a col·locar els tres llibres a la lleixa. El missatge ja estava enviat. El viatge a Porto ja havia valgut la pena. Com si no hagués passat res, va fugir escales avall sense fixar-se, ni tan sols, en la gràcia dels graons emmoquetats d'un vermell de sang. Ja al carrer, sentia la necessitat d'allunyar-se del lloc del crim.

Per anar als Estats Units, el Manuel no va tenir més remei que agafar l'avió. En vaixell eren massa dies, i no hi havia cap ruta comercial que travessés l'Atlàntic. Amb dos whiskys d'aeroport i una pastilla, va arribar a Nova York. A la Paulina no li calia dormir. L'emoció de veure els gratacels per primera vegada la mantenia desperta; la il·lusió de saber que l'endemà al matí seria a la Rizzoli de la Cinquena Avinguda per deixar-li una penyora al Jean-Pierre encara l'excitava més. Un cop a Manhattan, es va trobar amb un problema inesperat. El Manuel, més protector que poruc, no volia de cap de les maneres que la Paulina sortís sola a passejar.

—Però...

—No m'ho perdonaria...

—Què vols que em...

—No se sap mai.

Nova York, basquejat com estava el Manuel, la van recórrer junts. Tots dos, de bracet, durant dos dies. No es van separar per a res. No va ser fins al segon vespre, quan la Paulina ja patia perquè se li escolava el temps, que va decidir jugar-se-la. Sense donar opció.

—Baixo un moment a la farmàcia, a comprar tirites, que n'he vist que n'hi ha una aquí sota, al costat de l'hotel. —Ja tenia la jaqueta i el bolso a la mà perquè el Manuel no pogués reaccionar—. Ara torno.

Va córrer fins al 712 de la Cinquena Avinguda. Pel que havia calculat, mirat i remirat, queia entre els carrers 55 i 56. Només havia de baixar tres illes més i ja seria davant d'un magnífic edifici d'estil francès, amb el terra de marbre i uns canelobres de bronze que donaven a la Rizzoli un aspecte de biblioteca de selecte club privat. Era, però, una llibreria amb molta personalitat, de les que li agradaven al Jean-Pierre. Els llibres de fotografia i d'animals eren a la segona planta. Esbufegava. Per no perdre temps, va demanar directament si tenien llibres interessants de papallones. Vuit títols diferents. Uau. Pel cap baix, dos exemplars de cada. No va mirar ni quins eren. Amb el cos va mirar de tapar-se les mans perquè la dependenta no la clissés. Va treure el targeter i va començar a repartir targetes, aquí i allà, perquè cada llibre en tingués alguna.

—Gràcies.

—Ja està? No n'hi ha interessat cap?

—No, gràcies, al final m'hi he repensat.

Va tornar a tenir —estranya sensació— la necessitat de fugir de la llibreria cames ajudeu-me. Va córrer per trobar, de camí a l'hotel, una farmàcia. Va comprar unes tirites que no necessitava i va tornar pensant què carat li diria al Manuel quan ell li preguntés —perquè s'hi jugava un pèsol que la interrogaria— per què havia trigat tant. En entrar a l'habitació, el seu marit roncava, amb la tele encesa, assegut al capçal del llit. Com a mínim, s'havia tret les sabates.

L'endemà, amb un cotxe de lloguer, van fer cap a Boston. Al Manuel li havien assegurat que era una ciutat tranquil·la, la més europea de les capitals americanes. Segons el barri, amb tants edificis de maó vist, els recordava la Londres victoriana. Segons com, al *downtown* es rendien a l'evidència impersonal del Financial District de tantes ciutats del continent. A la Brattle Book Shop la Paulina hi va anar sola, sense explicacions ni subterfugis. Sense pressa, la va poder assaborir. Li va semblar un lloc únic, per insòlit, per diferent de tot el que havia vist. La major part de la llibreria era a l'aire lliure. Ocupava l'espai rectangular que deixava al descobert la grisor de les parets mitgeres de tres edificis gastats, sense cap encant aparent. Tot era tan urbà, i el contrast amb el mercat de llibres vells era tan xocant, que deixava bocabadats els tafaners que s'hi acostaven. La Brattle era en un cul-de-sac, com l'enyorada rue du Trésor, però hi tenia molt poc a veure. No hi havia glamur, allà, ni n'hi havia hagut mai. Al fons, destacava una escala negra d'emergència, de ferro, que baixava en ziga-zaga com havia vist a les pel·lícules. Arrencava d'un dels edificis i et menava a un salt al buit de massa altura. Els llibres, tots de vell, eren a les lleixes encastades a la paret i en unes prestatgeries a la intempèrie, altes com ella, amb rodetes, al mig del pas. Un rètol informava que era la llibreria de segona mà més antiga dels Estats Units. Segur que si el Jean-Pierre feia cap a Boston, aniria a capbussar-se en aquell mar de llibres. Li van explicar que només suspenien la venda quan plovia. Per més fred i vent que hi fes —i mira que en feia, a Massachusetts—, la llibreria no tancava mai. La Paulina observava gent amb guants, aguantant un vas de cafè fumejant per escalfar-se les mans, mentre passejava entre piles de llibres usats. Va haver de remenar molt per arribar a trobar el que buscava. El criteri d'ordenació era el desordre. El caos era una dificultat afegida. Així, fins que no va trobar una guia antiga sobre papallones —que garantia que hi eren totes—, va passar l'estona d'agafar dos constipats. Va mirar a un costat i a l'altre i, en un tres i no res, ja havia enllestit. Començava a sentir plaer, en el risc. Recordava l'amor, en el joc.

A Londres hi va anar sola. Eren dies de molta feina per al Manuel, que havia de tancar els anys comptables, reunir les juntes i redactar les actes de totes les companyies que assessorava. La Paulina va deixar la Gina a casa amb la Isabel. Sabia que a la seva filla li encantava estar amb la minyona, que la mimava i li donava tot el que volia, fins i tot abans que ho demanés. Era, per a la Gina, com quedar-se amb l'àvia que no tenia. A la primera tarda a Londres, la Paulina va guixar al mapa una ruta de llibreries. Va sortir de The Westbury, el seu hotel al barri de Mayfair, va baixar per Old Bond Street, va aturar-se als aparadors de les Burlington Arcade i va sortir a Piccadilly, davant per davant de Hatchards, una llibreria del 1797. Li havien explicat que a les botigues on, al damunt de la porta, hi havia aquell escut, significava que eren establiments on solia comprar la reina. Ella també se'n va sentir quan va passar per sota de les banderes que penjaven al damunt de la porta negra, de vidres petits com en un decorat de Dickens. A dintre regnaven la pulcritud i el silenci. A l'hora de buscar si tenien llibres de papallones, va adonar-se que les prestatgeries tenien una inclinació estudiada que permetia trobar allò que es buscava amb més facilitat. Els llibres, a Hatchards, la rebien de cara. Ja no calia fer aquell exercici de dit, llom a llom, a veure què. Hi va trobar el que va pensar que podia ser una raresa. *La mariposa y el tanque*, quatre narracions de Hemingway sobre la Guerra Civil espanyola. Un llibre en castellà, amb il·lustracions, editat per Bruguera, una editorial que sabia que era de Barcelona. Al pis de París havia vist que el Jean-Pierre comprava llibres en tots els idiomes, fins i tot en els que no entenia de res. La Paulina ja tenia el ritual molt entrenat. Cada vegada feia el gest amb més decisió, més segura que ningú no la veia col·locant les seves targetes de visita dins dels llibres de la llibreria més antiga de la Gran Bretanya.

La parada següent, segons la ruta marcada al mapa, seria la que passava per ser la llibreria més gran de Londres i, segons quina guia consultessis, la que tenia més metres quadrats del món. I la que tenia més títols. I si era la que tenia més llibres, segurament també seria la que en tindria més dels seus, per triar i remenar. Mentre hi anava, es feia il·lusions. El seu Mastroianni hi anava cada any, a Londres, per la fira d'antiguitats... Es va capbussar a Piccadilly Circus, va creuar-se el bolso per caminar pel Soho i, després de meravellar-se pels llums de carrer dels teatres antics de Saint Martin's Lane, va arribar al seu objectiu: Foyles, al 119 de Charing Cross, un món dins del món. Si trobava tants llibres de papallones, potser no tindria prou targetes. A l'espai de llibres de vell, hi va deixar sis targetes. A la part de literatura, li van recomanar la novel·la sobre un col·leccionista de papallones. Als anys seixanta s'havia estrenat una pel·lícula, li van dir, amb Terence Stamp de protagonista, un jove solitari, obsessionat amb una estudiant d'art, que es compra una caseta al camp amb els diners que guanya de les apostes al futbol. El Jean-Pierre, aficionat al cinema, segurament la devia haver vist. Es va treure una targeta i, amb un rampell d'enyorança, hi va escriure una sola paraula. «*Appelle-moi*». Va tancar el llibre i, en deixar-lo al seu lloc, va notar una fiblada. La intuïció, potser, que aquell missatge arribaria lluny.

Es va llevar a The Westbury. Plovia. El conserge amb barret de copa li va deixar un paraigua de l'hotel i li va obrir la porta del taxi. Li va dir que era la millor manera d'arribar a Kings Cross Station perquè no se li escapés el tren cap a Glasgow. En quatre hores i mitja s'hi va plantar. Va valer la pena per arribar a un local que, pel carrer inhòspit i per la vulgaritat de l'edifici, semblava gairebé clandestí. A Voltaire & Rousseau, la meca d'estudiants i intel·lectuals, s'hi havia d'anar expressament. La Paulina no s'acabava de creure que, en un lloc de tanta anomenada en el mercat dels llibres de segona mà, hi visquessin tres gats que passejaven, tan feliços, per damunt de les muntanyes de llibres que eren per terra. Piles i més piles de volums que ja no cabien a les prestatgeries, arrebossades de pols. Hi havia llocs on, durant dècades, ningú no hi havia passat ni el dit ni el drap. Enmig de tant paper envellit, d'una atmosfera marronosa i trista, destacava una escala verda, de fusta despintada, que servia per grimpar a consultar els llibres de més amunt. Després de dues hores de buscar una agulla en un paller, la Paulina només li havia pogut deixar dues targetes sense gaire esperança que el Jean-Pierre, si mai s'arribava a aquell racó perdut de Glasgow, les arribés a trobar.

La mateixa tarda, l'excursió fins a Inverness, una altra ciutat amb riu, li va tornar la il·lusió. Tan sols feia dos anys que Leaky's havia covertit una antiga església en llibreria. De fora, amb campanar del segle XVIII i tot, mantenia les formes austeres del lloc de culte. A dins, la transformació desprenia una màgia, una mística, una atmosfera que sacsejava l'ànima. La Paulina no havia imaginat que existís un lloc com aquell, i s'hi va sentir bé, envoltada de papers i d'ordre. El viatge al nord havia valgut la pena. Buscava llibres i somreia. No se'n podia estar. Pensava en el Jean-Pierre, en la llibreria de vell més gran d'Escòcia, i se sentia a gust. A prop seu. L'endemà, quan va tornar a Londres, havia buidat el targeter.

Algú li havia dit que a Venècia no s'hi pot anar sola. Se't menja la nostàlgia. Si estàs enamorat, et devora. Qui fos que l'hagués aconsellat, tenia raó. La Paulina va convidar la Júlia a passar tres dies a Itàlia. La Gina es quedaria a casa, amb la Isabel, que segur que era feliç de sentir-se més mestressa. Les cosines van volar fins a Milà i, mentre la Júlia visitava el Duomo, la Paulina es va escapar a la Bocca, a l'antiga llibreria de la galeria Vittorio Emanuele II, a amagar targetes dins dels llibres. Sis hores més tard, les dues cosines ja passejaven en góndola pels canals del *sestiere* Castello. Eren canals estrets, impossibles. De tant en tant havien de girar en angles tan rectes que no hi podia passar ni un taxi ni una llanxa. Tan sols els gondolers, avesats a fer la ruta, sabien com havien de posar un peu a la paret i en quin moment calia empènyer, fent el contrajoc amb el rem, per aconseguir tombar la cantonada. Campo San Lorenzo, Palazzo Cappello, Palazzo Cavagnis... Semblava que Venècia era per a elles dues soles. Vist de tan avall, amb la molsa encastada a les parets escrostonades i que quedava a la vista pel vaivé de la petita onada, tenien la sensació d'haver entrat al túnel del temps. De cop i volta, el gondoler les va avisar que una porta de fusta verda, trencada, era per on entraven les mercaderies a Acqua Alta, una llibreria que havien de visitar tant sí com no. Per què es pensava, si no, que eren a Venècia? La Paulina hi va voler entrar per darrere. Des de la Voltaire & Rousseau que no veia res tan caòtic, amb llibres d'ocasió per tot arreu. N'hi havia que omplien, del tot, una góndola que presidia l'espai central de la llibreria. Hi havia una altra góndola, del revés, que penjava del sostre. Hi havia llibres que omplien dues banyeres blanques que la Júlia va trobar naïf a més no poder. Era impossible saber què hi havia a dins. A les parets, de tant en tant, hi havia algun timó de fusta. I una calavera, amb barret pirata, amb què es van voler retratar. Primer una, després l'altra. El sostre era baix, irregular, i, per pujar al primer pis, en lloc de graons havien construït una escala de llibres que havies de trepitjar per arribar a dalt. Mai no havien vist res tan original. Va ser allà on la Paulina, amb un atles de papallones a les mans, no va voler amagar el ritual a la seva cosina.

—Tu creus, de debò, que el Jean-Pierre vindrà a Venècia, que vindrà a aquesta llibreria rància?

—Ell ho fa. Va pel món. Es pensa que col·lecciona llibres de papallones. En realitat, col·lecciona llibreries.

—I si mai troba la targeta, què esperes que faci? Si el vols trobar, escriu-li. Truca-li. Vols que l'hi digui jo?

—Sincerament? —Va agafar la cosina per les espatlles i va respondre amb timidesa—. No facis res. Ni ell ni jo permetrem que es malmeti el sentiment de victòria que vam tenir a París.

—Però aleshores... —va mussitar—. Per què ho fas?

—M'agrada deixar pistes del meu amor. Les trobarà o no. Ho sabrà o no. Tant se val. El que vam poder viure mereix que ho intenti. Per què ho faig, dius? —S'ho va rumiar cinc segons i va respondre sense vacil·lar—: Perquè aquest és el rastre de l'amor.

Cap de les dues podia intuir, en aquell moment íntim de felicitat, de confessió sincera, d'haver trobat la resposta i d'haver-la compartit en veu alta, que el de Venècia seria l'últim viatge de la Paulina.

18. De sobte, el penya-segat

París, 18 de maig de 1984
Divendres negre

Estimada i desconsolada Julie,

Abans-d'ahir a aquesta hora em vas trucar per dir-m'ho. I t'escric, d'entrada, per agrair-te que, de seguida, pensessis en mi. T'agraeixo la trucada, però encara no me'n puc fer el càrrec. Senzillament, no m'ho crec. És massa fort. Ni m'ho crec, ni m'ho vull creure. La Pauline. No pot ser. Als trenta-un. Estava bé, em vas dir. Tu ploraves tant i jo estava en estat de xoc —i encara hi continuo—, que no sé gaire si et vaig entendre. Es va llevar amb mal de cap? Li va demanar al marit que acompanyés la nena a l'escola, que ella se'n tornava al llit... És això el que em vas dir? I quan va arribar la minyona, ja era tard? Fos com fos, els detalls ja... Un vessament cerebral. Als trenta-un? No havia sentit mai un cas així. Costa de creure i, sobretot, costa d'empassar. El desconsol és enorme, el dolor, insaciable, i la ràbia, infinita. La pena, com et pots suposar, no és per mi —a tu et deu passar el mateix—, sinó per ella. Una vida estroncada, tan jove, de cop i volta, sense poder veure créixer la Gina. De sobte, tot a la merda.

La vida comença, la vida s'acaba. Això ho sabem tots, però em rebel·la la injustícia. Ara mateix, colèric i ensorrat, agafaria el destí pel coll. I, amb totes les de perdre i encara que no servís de res, li plantaria cara i l'insultaria fins a perdre la veu, les forces i la dignitat.

Vaig i vinc, Julie, d'aquí cap allà, i no sé què fer ni què pensar en aquests dies tan negres. I els que vindran. Em costa pensar i em costa, encara més, endreçar els raonaments i els records que em brollen, a raig, com les llàgrimes. I tinc mal de cap de tant plorar. També et passa, a tu?

A estones, quan aconsegueixo asserenar-me, penso que he estimat una sola dona i que l'he perdut dos cops. És massa tard per als retrets. Ho sé. Però a l'aeroport, quan ella tornava del teu casament cap a casa, si jo hagués insistit que... Quan ja no hi ha remei, de què serveix fer-se mala sang? I l'he perdut ara, definitivament, sense poder-li dir: «Saps què, Pauline, cada dia, des que et vaig conèixer, quan he tancat els ulls, he vist el teu somriure al meu costat». M'han quedat tantes coses per dir... Per què sempre esperem tant a dir-les? Per què vivim retenint paraules i sentiments? Per què mai ens adonem que s'està fent tard?

Jo li havia escrit, en una de les cartes, que no

l'enyorava perquè la tenia. Així ho sentia. Potser perquè sabia que, en qualsevol moment, ens hauríem pogut veure, o comunicar, d'una manera o altra. Havia après a viure lluny d'ella perquè la notava a la vora, sempre amb mi. Saps aquelles mànegues antiincendi dels cinemes i dels hotels, que posa trenqui el vidre només en cas de necessitat? Amb aquesta mateixa metàfora tan poc poètica, ho reconec, més d'una vegada m'havia convençut que, potser algun dia, o l'un o l'altre trencaríem aquest vidre d'emergència d'un cop de mall per retrobar-nos i viure, a pleret, el nostre amor. Et confesso, doncs, a misses dites, que en el fons tampoc no li deia que l'enyorava perquè potser mantenia l'esperança secreta que tornaríem a estar junts. Físicament junts. Per sempre. I de sobte, el penya-segat. En un minut, els somnis i les il·lusions se n'han anat a mar.

Ara que amb tanta crueltat la mort ha esberlat totes aquestes possibilitats, t'he de confessar, amb llàgrimes que inunden la taula des d'on t'escric, que l'enyorava, l'enyoro i l'enyoraré sense remei. Per més que recordi cadascuna de les hores dels nostres quatre dies esplèndids, per més que la veneri amb orgull d'amant, per més que l'estimi com no he estimat mai ningú, l'única veritat és que sí que la trobaré a faltar. Molt. Cada dia. I així fins que l'escuma suau també em vingui a recollir.

Saps què és el que em sembla més cruel i inversemblant de tot? Constatar que la Pau ja no és en aquest món i que del que passarà demà i demà passat i l'any que ve, a la seva família o a l'altra punta de món, ja no en sabrà res. Recordo que amb ella, al primer sopar, al cafè Les Deux Magots, vam discutir —no vam discutir, vam parlar— sobre quan començava la història. Abans de Crist és prehistòria, després de Crist i fins fa un segon és història, em deia ella, segura de la seva teoria. La història posa el comptador a zero, sostenia jo, des de l'inici de l'escriptura. I això seria a Mesopotàmia, amb l'escriptura cuneïforme, uns 3.500 anys abans de Crist. I Julie, de debò: quina bestiesa. Col·locar l'etiqueta, més cap aquí o més cap allà, no té cap importància, cap ni una. El que vull dir és que la teva cosina, com tots nosaltres, sabia què va passar a l'edat de pedra, i distingia entre el paleolític i el neolític, i sabia com vam passar de l'home de les cavernes a l'*Homo sapiens* i no confonia l'edat del bronze amb l'edat del ferro, i va estudiar, després, com es construïen les piràmides a l'antic Egipte i què menjaven a l'edat mitjana i fins on arribava l'imperi bizantí, i del Renaixement —l'època en què hauria pagat tot el que tinc per passar-hi una setmana—, hem estudiat què va voler dir Miquel Àngel a cada pam quadrat de la volta de la Capella Sixtina. I sabem de memòria a qui van tallar el cap a la Revolució Francesa, i per què el ferrocarril va ser clau en el desenvolupament dels Estats Units, i com van ser les últimes hores de Hitler o de Marilyn Monroe.

D'abans d'ella i dels seus coetanis i de la seva família, la Pauline ho sabia tot. De després d'ella, no en sabrà res. Això em sembla el més bèstia de la mort. El punt final. D'aquí cap enrere, tot. D'aquí cap allà, res. Radical.

«Per tant, nosaltres quan vivim?». Així va continuar la nostra conversa a Les Deux Magots. Existim mentre hi som i mentre ens recorden. I veig, com si fos ara, que vam posar tres exemples. Einstein, Flaubert o Kandinsky queden. Són immortals perquè l'obra els fa eterns, vam concloure. Però aquesta mena de personatges són quatre. Dels més de cent mil milions de persones que es calcula que han nascut a la Terra, en tota la història de la humanitat, ens quedem amb quatre. Quants noms coneixem? D'escollits, quants n'hi ha? Mil? Dos mil privilegiats que tothom sap qui són i què van fer? D'acord. I tota la resta? Nosaltres hi som mentre existim o mentre ens recorden els fills i els nostres amics, i després els néts, i a la generació següent ja pràcticament ningú no ens esmenta, ningú no ens recorda per a res, ni ningú sap de la nostra existència. El remolí del temps ha engolit les gotes per tornar-les a l'oceà. I, en un tres i no res, hem deixat d'existir.

Per això, Julie, en aquestes hores tan amargues, entre sanglots i malediccions, m'ha començat a rondar una idea. Absurda, potser. Tal vegada només és una caparrada, però ara mateix estic tan ofuscat que sóc incapaç de discernir entre el que val la pena i el que no. No seré jo qui ho faci, però he pensat que algú, no sé qui, hauria de conèixer la història de la teva cosina i l'hauria d'explicar. Només així la Pauline podrà ser immortal i només així el nostre amor —amagat fins ara— podrà arribar a perdurar per sempre més. Un dia, al meu pis de la rue du Trésor, em va dir: «Només et demano una cosa: que no converteixis la nostra història en una novel·la. Ha de ser per a nosaltres dos». Però ara penso quin mal hi hauria de revelar-ho. Al contrari. Potser d'aquí a molt temps, quan jo tampoc no hi sigui, a algú li cridarà l'atenció el llom d'un llibre, l'agafarà i, a dins, hi trobarà una història modesta que li farà saber quina dona va ser la Pauline i què sentia i com vivia i com estimava... I, en acabat, el lector potser posarà la mà al damunt de la tapa i podrà exclamar: amics, l'amor existeix. L'amor és la resposta.

Perquè aquesta és la resposta, oi?

Me'n vaig adonar a Girona, un matí. Te'n va parlar mai, la Pauline, de la nostra trobada? Te'n va dir res, del moment més intens de la nostra vida? Fa vora dos anys, vaig haver de baixar a Perpignan a comprar una sèrie de l'obra de Villeglé, uns grafits polítics que tenia un col·leccionista del sud. Recordo que era un divendres, havia tancat el tracte, m'estava a l'habitació de l'hotel per fer una dutxa i, després de donar-hi moltes voltes, vaig decidir-me a fer el que durant mesos i mesos no havia gosat. Vaig trucar al telèfon de casa de la Pauline, a Barcelona. Com ho sents, hi vaig trucar. Encara no sé com vaig gosar. En el moment de teclejar els números, l'adrenalina, les pulsacions, la tensió... Tot se'm va disparar. I, malgrat la recança, els dits eren més ràpids que jo i de seguida van sonar els tons d'un telèfon internacional. Un cop marcat el seu número, tenia un pla. Si s'hi posava algú que no fos la Pauline, penjaria, a l'instant. Si qui contestava era ella, tenia una proposta a fer-li. Curta i ràpida. Esclar que li hauria volgut dir moltes coses. Però havia d'evitar la temptació i deixar que ella, en penjar l'auricular, pogués dir, no sé qui era, s'han equivocat.

Li hauria volgut dir, res de nou, amor meu, que t'estimo amb bogeria. Res de nou, això ja ho saps. Li hauria volgut dir que estava bé, que no patís per mi, que en tenia prou sentint-li la seva veu durant deu segons per viure deu anys més. Li hauria volgut dir, no pateixis, si el que va passar a París t'ha fet sentir malament. No et castiguis, amor meu. Pensa que la infidelitat a l'altre és sovint un retorn a la fidelitat a un mateix. No hi ha res de dolent a retrobar-se amb els propis sentiments. Li hauria volgut dir tantes coses, Julie, però sabia que no podia fer-li una jugada. No la podia debilitar. No podia permetre que, en penjar i tornar a la seva vida familiar, algú hagués reconegut en ella que aquella trucada l'havia trasbalsat.

S'hi va posar ella. Per sort, va respondre ella. El seu digui'm em va obrir el cor. Sóc jo, Pauline. No diguis res. Però... No diguis res. Per qui demana? Vam estar uns segons en silenci. Ens sentíem respirar. No podíem tenir l'auricular més encastat a l'orella. I aleshores li vaig dir el què, amb pressa. Demà abans de dinar seré a Girona. Aniré a la Llibreria 22. Papallones, ja ho saps... A la 22 de Girona. Una llibreria nova, me n'han parlat i la vull veure. Estic bé. Em sembla que s'equivoca de número, va respondre en la seva llengua. I va penjar. I vaig penjar. I no vaig dir ni adéu. No la volia afeblir, no la podia emocionar. No li podia dir com l'estimava.

Et pots imaginar, Julie, quina nit vaig passar abans de llevar-me a trenc d'alba i agafar el primer tren cap a Girona?

I quina ciutat, Girona, quina descoberta. Tinc moltes imatges borroses d'aquell dia, com un somni, però em va semblar que tenia alguna cosa de Florència, amb les cases penjades sobre el riu, i un pont singular, de l'Eiffel, també, i allà a la vora, en un colze tranquil, hi havia la llibreria on m'havia citat amb la teva cosina. No em feia il·lusions que s'hi presentés. Però la guspira que potser, que tal vegada, que seria un senyal si ella hi apareixia, em mantenia amb un neguit que no podia controlar. Si em posava la pipa a la boca, m'espetegaven les dents, dels nervis.

Abans de les dotze, ja havia fet dos cafès a la plaça del davant de la llibreria. A la una ja m'havia fet tota la 22, prestatgeria a prestatgeria, de la A a la Z. L'amo en sabia. I tenia empenta. Era un home jove, de cabells negres, lluents, amb la clenxa al mig i un bigoti orgullós. Em va agradar com atenia els clients. Tant parlava de cinema com de poesia, i sempre amb passió, amb el cigarret als dits. Guillem, es deia. Com el meu pare, vaig pensar. Sonava bé, en català, Guillem. Millor que en francès, que té un so més pretensiós. Em va ensenyar, amb paciència, tot el que tenia sobre papallones. Alguna raresa interessant sobre les monarca americanes que vaig pagar i em van posar dins d'una bossa que encara guardo. Després vaig seguir esperant, fent veure que continuava mirant novel·les d'això i assajos d'allò. Mai no havia corregut tant el meu rellotge. El mirava cada dos per tres i, a mesura que passaven els minuts, s'esmunyien les meves esperances. Em vaig distreure fullejant un volum enorme sobre Salvador Dalí. A cada pàgina, una reproducció on apareixia Gala, dona i musa. El llibre es deia una cosa així i, quan el tenia a les mans, em va semblar que algú xiulava les primeres notes d'un sirtaki a dins de la llibreria. M'ho semblava o era un miratge? Era el tema del *Zorba* que havíem ballat, ella i jo, una nit a París, a prop del riu, i que, en aquell moment, sentia amb més nitidesa. Em vaig girar, amb emoció completa, i allà hi havia la Pauline, palplantada, guapíssima, més radiant que mai, amb els ulls entregats i el somriure nerviós. Com el meu, suposo. Després de tant temps, i de tant desitjar-ho, la tenia a quatre passes, i s'havia posat el perfum del dia del teu casament, el Chanel que guardava per a les ocasions úniques. Tot va passar en dècimes de segon i, quan l'anava a abraçar, de darrere seu, agafada de la seva mà i de la seva faldilla, en va sortir una nena. Havia vingut a Girona. La Pauline s'ho havia muntat i havia vingut a veure'm. Però havia vingut amb la Gina. Els meus ulls i els seus ulls es van trobar. Jo vaig dir el seu nom, ella va pronunciar el meu. La Gina va preguntar mama qui és. I ella va respondre que un amic de la tieta Júlia. I tots dos ens vam estar mirant, en silenci, amb l'agitació dels amants, amb la passió dels que —instant cruel— es volen abraçar i no poden. M'hi vaig acostar un parell de passes. Ni tan sols ens vam fer tres petons. Ni dos. Li vaig agafar una mà. I no la va enretirar. I quan a tots dos se'ns van negar els ulls, de la il·lusió o de la frustració, vam parlar. Poc i en francès, perquè la nena no ens entengués. Has vingut, vaig dir jo. Sí, em moria de ganes de veure't. Jo també. Estàs bé? Et veig molt bé. Tu també, guapa com sempre. Necessitava veure't. Jo també. Que sàpigues que el que sento per tu no ha anat mai a menys, mai. M'agrada sentir-ho. I després d'una pausa, que se'm va fer llarga, la Pauline va tornar-hi. Jo també sóc sempre amb tu, a la rue du Trésor, a la rue de Seine. La nena feia estona que havia detectat els llibres infantils i l'estirava cap a un Babar gegant. Com va la galeria? Va. He entrat a comprar-li un llibre a la Gina. Vaig intuir que la conversa s'acabava i que en podia gastar poques pinzellades. Potser només una. Podem fer un cafè, ni que sigui un cafè? Va dir que sí. Vam sortir de la 22 i vam tornar al bar de la plaça. Jo tenia, de cara, la Pauline i la Gina, que es va posar a dibuixar amb un paper i uns llapis que li van deixar al bar. Vam continuar parlant en francès, com et pots figurar. De fet, va parlar ella. Molt, fluix, i com si l'empaitessin. Em va dir que la meva trucada l'havia commogut, que s'havia hagut d'inventar una història recargolada per pujar fins a Girona, i em va reconèixer que s'havia passat la nit trasbalsada, sense poder dormir. Havia intuït que era la nostra última oportunitat. I sabia, alhora, que el nostre retrobament tenia un perill enorme. Pel que em va dir, tot d'una tirada, amb la meva veu al telèfon se li havien remogut les emocions, en tots els sentits. Tenia la sensació que, en una nit, havia de jugar-se la seva vida a cara o creu. I dubtava. Entre el neguit i el desig. Entre la temptació i l'anar fent. El Manuel és bona gent, em va dir, amb aquestes paraules. I ells dos, amb la Gina, tots tres junts, eren una família i, a estones, tenia clar que l'endemà no havia de plantar-se a Girona. Però de seguida s'adonava de com em necessitava, de quantes ganes tenia de veure'm, i de la bogeria amb què m'estimava. S'imaginava

—m'ho va dir també amb aquestes paraules— que havia d'agafar dues mudes i fer una maleta i venir a trobar-me i fugir i començar una nova vida. Em va confessar que hi havia donat molts tombs i que l'important, al capdavall, era que havia vingut. Tot va passar volant, Julie. Quan li anava a preguntar si tenia la maleta al cotxe, si jo tenia alguna oportunitat de... la Gina, burxant-li el braç, va voler ensenyar el dibuix a la seva mare. Era un ninot esbossat amb tres gargots. La Pauline li va dir, molt maco, Gina, per treure-se-la de sobre, però la nena insistia, reclamant l'atenció, i aleshores la Pauline va preguntar qui és i la seva filla, com si hagués lligat caps, com si hagués entès de què estàvem parlant, com si sabés francès, llesta com era, va respondre «El papa, és el papa». La Pauline es va mossegar el llavi per retenir el plor. A mi, francament, veure-la tan emocionada em va tocar el cor. Me'l va trinxar. Ni l'un ni l'altre no podíem contenir l'agitació, la passió del moment. Mai un silenci havia dit tant. Vaig entendre, de cop, quin era el nostre futur i què havia decidit la Pauline. L'hi vaig veure als ulls. Hi vaig llegir, també, que el temps s'esmunyia, que volia anar-se'n, i només li vaig preguntar una cosa més. Ets feliç, Pauline? I saps què em va respondre? Ara, molt.

—Ets feliç?

—Ara, molt.

Així. I abans que la seva filla em veiés plorar, abans que notés que a la seva mare se li escorria la pintura dels ulls, em va dir, *au revoir*, es va aixecar, em va posar la mà a l'espatlla i va sortir del bar amb la Gina ben arrapada. A través del vidre, la vaig seguir amb la vista, per veure-la allunyar-se plaça enllà. Quin caminar més distingit, quina elegància. Quanta tristesa.

Mai més vaig saber res de la Pauline. El seu cafè es va quedar a la tassa i un cambrer va recollir el dibuix i el pot de llapis per distreure el nen d'una altra taula. I jo? Vaig trigar a sortir del bar, extasiat com estava per haver-la vist, pletòric per haver reafirmat els sentiments i ensorrat, també, per haver-la tornat a perdre davant els meus nassos. Vaig demanar un malta i no recordo gaire més. Sé que vaig vagarejar per la ciutat sense trobar el camí ni l'hora per tornar a l'estació. Ara, molt, em repetia a cada passa, perdut per una devesa convertida en bosc. Ara, molt. A vegades compta més la intenció que les paraules. I vaig tenir la convicció, en el moment que la seva resposta li va sortir de la boca, que aquell «Ara» es referia a l'instant fugaç de retrobar-nos, a l'escena precisa de tornar a estar tots dos junts, ni que fossin cinc minuts que van semblar cinc hores. O cinc segons. Perquè tot va passar molt de pressa però a càmera lenta. Et fas el càrrec del que vull dir? Després, en les setmanes posteriors, vaig donar-hi voltes i més voltes i moltes entonacions possibles a aquell «Ara». Interrogatiu. Afirmatiu... Vaig arribar a pensar que potser es referia, més genèricament, a la seva situació, a Barcelona, amb la seva família. Vaig arribar a témer aquesta idea, però, tot d'una, em vaig adonar que m'equivocava en la interpretació. No importava tant si es referia a un «Ara que estem junts» o «Ara amb la meva manera de viure», sinó que fos on fos, fos amb qui fos, era feliç. I si la Pauline era feliç, jo ja no podia desitjar-li res més. Una altra cosa hauria estat egoisme per part meva. Ara, molt, les seves últimes paraules. Avui sé, amb la seva terrible mort que trigaré mesos a pair, que viuré la resta dels meus dies amb aquestes dues paraules. Digue'm tu si no ho hem d'explicar, això? Ets feliç; ara, molt. No és l'essència de l'amor?

T'escric, Julie, mentre sonen les cançons de Schubert que vam escoltar amb la Pauline a casa meva, i sentir-les, avui, se'm fa insuportable. Schubert volia compondre cançons d'amor i li sortien tristes. Ara ho entenc. Quant temps haurà de passar perquè pugui sentir la nostra música, les cançons d'amor búlgares, i no voler picar de cap contra el passat?

T'escric mentre tinc al davant la pipa que ella va fumar. Sí, ho has llegit bé. La pipa que un bon dia, de cop i volta, va voler provar. Ja saps com n'era de vital la Pauline, d'oberta a gaudir experiències noves. Vist ara, és com si sabés que les havia d'acumular totes perquè, tal vegada, el seu cos intuïa que tenia pressa. I el temps mai no és malaguanyat. La vida comença, la vida s'acaba, et deia abans, però som fills del que hem estimat. I jo portaré la Pauline sempre amb mi. No vull res més.

Deixa'm parlar de la Gina. Tan sols unes línies per dir-te que penso molt en ella, i això que no la conec. La vaig veure tan sols aquella estona efímera, a Girona. Com et pots imaginar, em vaig fixar més en la seva mare que no pas en ella, que em va semblar, això sí, una nena espavilada. Mira si era sàvia, la petita, que no va deixar la mà de la seva mare en cap moment. A mi m'hauria passat el mateix. Jo tampoc l'hauria deixada anar. M'expliques que el seu oncle la va anar a buscar a l'escola per donar-li la notícia. Quin moment. Quin tràngol. De tota aquesta història, qui em fa més llàstima és ella. Perdre la mare, així, i de tan petita, ha de marcar per sempre. A la curta o a la llarga, aquestes coses surten. No pots endevinar per on, però acaben espetegant. Encara que ella no em conegui de res i ni tan sols hagi sentit parlar mai de mi —i així ha de continuar sent—, quan la tornis a veure, fes-li el petó que no li vaig fer a la llibreria.

Em vas dir que baixaves a Barcelona pel funeral i que t'hi estaries uns quants dies. Aquesta carta, doncs, la llegiràs quan hagis tornat amb el dol cap a Croissy. Fes-me un truc quan tu i l'Alain torneu a ser a casa. Tu rai, que amb l'Alain, el teu filòsof a casa, tens les preguntes i les respostes assegurades. En aquests moments de desorientació pregona, a mi també em caldria algú que em recosís les poques certeses de la vida. M'agradarà, doncs, venir-vos a fer una abraçada. En els dies de fred i solitud, sento que una abraçada estreta amb tu, que l'estimaves com una germana, m'anirà molt bé. I m'agradarà preguntar-te què deia exactament la Pauline quan li trucaves per llegir-li les meves cartes. Com reaccionava? Amb quins mots s'expressava? Sempre he volgut saber quin efecte li feien a la Pauline les meves paraules escrites des del cor. En algun moment, veient que ella va deixar de respondre, vaig arribar a dubtar que no li arribessis a llegir la meva segona carta. Ara que s'ha acabat tot, ja et puc demanar perdó, Julie, per haver estat malpensat en algun moment d'ofuscació. Perdona per haver dubtat de tu.

I perdona, també, l'extensió d'aquesta carta. M'ha servit, suposo, per desfogar-me, per recordar i per plorar. En les últimes hores no sé fer cap altra cosa. No em disculparé per això, vull pensar que és normal. Als que ens quedem per apagar el llum, ens toca fer el cor fort, suposo. La vida comença, la vida s'acaba, *n'est-ce pas*?

Amb tanta commoció com afecte...

Amb fúria i amb tristesa infinita.

JEAN-PIERRE ZANARDI

19. Tenim les paraules que ens mereixem

L'avió de Vueling va aterrar, puntual, a Orly. Així que la Gina va posar un peu a la terminal de l'aeroport, a les nou tocades del matí, va sentir una estranya fiblada. La seva mare hi havia arribat la primavera del 1981, carregada amb dues maletes, per al casament de la seva cosina. Ella hi feia cap a la tardor, trenta anys després, amb una maleta de rodetes que no havia hagut de facturar i una bandolera creuada que pesava com un mort. La Paulina aterrava a París sense saber que serien quatre dies que li canviarien el viure. La Gina —jaqueta de cuir, texans i botes— s'hi presentava amb una sola dèria: trobar i conèixer i parlar amb el Jean-Pierre Zanardi, galerista, autor de les tres cartes d'amor més asfixiants que havia llegit mai.

El taxi, per cinquanta euros amb propina, va dur la Gina fins on havia demanat. Al 44 de la rue de Seine, a la Rive Gauche. En baixar del cotxe, va recordar que la humitat de primera hora a París, a prop del riu, et cala els ossos.

—Segur que és aquí? La rue de Seine?

—Sí, sí —va respondre el taxista, tornant a apujar la finestreta abans d'arrencar.

El número 44 de la rue de Seine no era la Galerie Anouk. La Gina no es podia creure el que veia. El Jean-Pierre havia canviat el nom del local. Allà hi posava Galerie Pauline. No era un miratge. Es fregava els ulls i s'adonava que sí, que... Si la seva mare ho hagués sabut. Es va penjar la bandolera, va agafar la maleta i, en un gest que havia imaginat moltes vegades, va tocar el timbre. A dins hi havia llum. No s'hi veia ningú. Al rètol de la porta, però, hi posava que els dimarts obrien a les deu, i ja passaven cinc minuts. Va tornar a clavar el dit fins que va veure que, del fons, de la rebotiga, apareixia una dona. Potser el Jean-Pierre s'havia quedat dins. Potser aquella dona que s'acostava cap a la porta, vestida de cap a peus amb uns estampats cridaners, era la nova parella del Jean-Pierre. No ho volia pensar, però hi tindria tot el dret. Aleshores, però, per què li havia posat a la galeria el nom de la seva mare? La dona, d'uns cinquanta anys —una escultura acolorida en si mateixa—, va girar la clau i va obrir.

—*Bonjour*. Endavant.

—Bon dia.

—Tenim tancat, per seguretat...

—Ah, bon dia. —Van entrar, ella i maleta—. Jo buscava el senyor Jean-Pierre Zanardi...

—De part?

Collons, quina pregunteta. La Gina va decidir dir la veritat i tirar pel dret.

—Sóc la filla d'una amiga seva, de Barcelona, i li porto una cosa.

—Em sap molt greu, doncs. Monsieur Jean-Pierre ja fa uns anys que es va jubilar.

—Vaja...

—Es va traspassar la galeria i nosaltres, que sempre ens havia atret aquest local, vam tenir la sort de ser els primers a fer-li una oferta. Vol passar? Segur que li agradarà...

—No cal, gràcies. Molt bonic tot, el lloc i els quadres, ja es veu. Tot preciós. Però, perdoni, vostè sabria on el puc trobar?

—Ui... A París, ja no. Se'n va anar a... Va dir que es retiraria a... Un moment, sisplau —va fer un crit cap a la rebotiga—. *Marcel, où est-ce que monsieur Zanardi est-il parti vivre?*

El Marcel, vestit de saltimbanqui a joc amb la seva dona, va sortir del magatzem i li va portar un tros de paper, amb la nova adreça del Jean-Pierre. La Gina va sortir tan escopetejada que no va permetre que els nous amos de la galeria li poguessin explicar que l'única clàusula, per contracte, que els havien posat per traspassar-los el negoci era que mantinguessin el nom de Galerie Pauline pels segles dels segles.

La Gina va llogar un cotxe amb el dipòsit ple, va posar la maleta i la bandolera al seient del darrere i va enfilar cap al sud de França. Amb una Coca-cola i dos cafès de màquina es va plantar a Capbreton. La vila, amb aire de ciutat balneari, ja feia dies que s'havia quedat sense estiuejants i havia pres un aire fantasmagòric que, encaboriada com anava, no va inquietar-la. A quarts de sis de la tarda i a tot estrop enfilava un turó, revolt a revolt, que l'havia de dur a un mirador amb vistes penjades sobre la badia i, no gaire lluny d'allà, a l'adreça del Jean-Pierre. Hi va aparcar al davant mateix. Va desar la maleta per no deixar-la a la vista, va agafar la bandolera i va entrar al barri. La porta era oberta, no en va sortir cap gos, no semblava haver-hi ningú. Només la xerradissa dels ocells, enfilats a magnòlies i xiprers, tapava la remor del mar i l'espetegar heroic sobre les roques. La casa, a quatre vents, tenia planta baixa i dos pisos. Les finestres devien quedar al darrere, sobre l'aigua. La façana principal havia començat a escrostonar-se, aquí i allà, per la humitat. Les cases es deixen al ritme dels seus amos, va pensar la Gina. El portal quedava un graó per damunt de l'estora per eixugar-se els peus. La Gina s'hi havia plantat amb decisió, creuant els dits perquè la sort no passés de llarg. Després de tanta peripècia i de quilòmetres i quilòmetres, estava a punt de trobar-se cara a cara amb l'amant de la seva mare. Li va cridar l'atenció un eriçó negre, de ferro, que servia per netejar-se les sabates. No tot eren voliaines, a la vida del francès. Va respirar fondo i va prémer el timbre. A dins, el Jean-Pierre sestejava, amb la tele encesa, sobre un episodi dels *Soprano* d'una temporada qualsevol.

—*J'arrive!*

El Jean-Pierre va deixar la pipa al cendrer i es va alçar de la butaca amb dificultat. Vinclava el cos cap a un costat, empenyent-se amb la mà esquerra sobre el reposabraços a l'instant que, amb contorsió automàtica, gairebé posava el genoll a terra per donar-se impuls amb la flexió. Un cop dret i equilibrat, gràcies a un balanceig entrenat a base de repeticions, va agafar un bastó de mànec de plata. Va caminar amb passes curtes però amb tanta embranzida com va poder cap a la porta. Amb la virolla del bastó, va apartar amb destresa algun llibre de fotografies que havia quedat al mig del pas, d'una pila esfondrada.

—Vinc! —va tornar a cridar, amb l'esperança que qui fos que trucava no s'hagués cansat de l'espera i hagués tocat el dos. Els que el coneixien ja sabien que calia esperar perquè els arribés a obrir—. Qui deu ser ara, a aquesta hora?

La Gina, a l'altre costat de la porta, va aprofitar per tirar-se avall la samarreta amb les dues mans i recol·locar-se la tira de la bandolera gegant que duia creuada. No suportava que li quedés un séc, amb una teta aixafada a cada banda. Va tornar a tocar el timbre. Per esbravar l'espera, va passar un peu per les pues gastades de l'eriçó.

—Ja vinc, coi, ja vinc —va mormolar—. Santa paciència!

La Gina va sentir que l'home que remugava ja era allà mateix. Va tornar a treure aire. En obrir-se la porta, una llenca de sol va entrar, rabent, rebedor endins. L'un i l'altre es van enlluernar. La Gina tenia, al davant, un home de cabells argentats, amb un bon color de pell, que s'aguantava amb refinament en un bastó.

—Jean-Pierre?

Ella preguntava, amb la il·lusió als llavis, segura d'haver-lo trobat. Ell se la va mirar de fit a fit, va acalar els ulls i va bufar, com si es tragués trenta anys de sobre...

—No cal que em diguis qui ets. —Va somriure—. No cal. Ets clavada a la teva mare.

—Sí? —No va poder dissimular l'emoció. Mai ningú no l'hi havia dit. I ho sentia en el moment precís, quan més ho necessitava.

—Passa. Avanti. Tu ets la Gina...

—Sí, sí. Gina Homs, molt de gust.

La noia va pujar el graó i mig que faltava per entrar a casa, es van fer tres petons i ella es va quedar, dolçament, amb el cap sobre el pit del Jean-Pierre. Ell, estintolat, li va passar l'altra mà per l'espatlla en una abraçada paternal. La Gina notava que era un home fort, que s'acostava als vuitanta. Devia haver estat molt guapo. Encara ho era, de fet. Recordava que les seves cosines li havien ensenyat una foto, de l'àlbum de casament de la tieta Júlia amb l'Alain, en què apareixia el Jean-Pierre. Li van dir «Mira, és aquest», i a ella, que no es feia el càrrec que aquell senyor hagués estat l'amant de la seva mare, li va semblar un home estrany, amb una americana com de pilota de beisbol, amb unes costures recosides a la vista amb fil vermell. Segons els càlculs que havia fet a l'avió de Barcelona a París, el Jean-Pierre no en podia tenir més de setanta-vuit.

—Passa, passa, per favor. No tinc gaire per oferir. Però podem parlar tant com vulguis. Passa i seu. M'agradarà saber de tu. —Atabalat per la visita inesperada—. Allà al fons estarem millor. Què t'ha dut per aquí?

—La curiositat, suposo. No ho sé ben bé. Les ganes de coneixe'l. —Va treure's la bandolera, que pesava un quintar, i va seure en un chester que hi havia a la galeria de vidre, un finestral sobre l'Atlàntic. Va entendre que la butaca alta motoritzada, la que tirava el respatller amunt i avall i treia una plataforma per estirar-hi les cames, era la del Jean-Pierre—. Li sap greu que hagi vingut?

—Al contrari. Només em sap greu que em tractis de vostè, com si fos un vell. De tu, per favor... —Es va deixar caure sobre la butaca, com si li fes mal tot, i va deixar el bastó a terra—. De tu, per favor.

—D'acord, de tu, Jean-Pierre.

—Véns de Barcelona, suposo? Encara hi vius?

La Gina se sorprenia que el Jean-Pierre recordés el seu nom, que sabés d'on...

—Encara hi visc, sí. Però ara vinc de París. Diguem que les pistes m'han dut al lloc equivocat.

—Has anat a París? —Amb un comandament

lligat a la butaca, va apagar la tele. El Tony Soprano acabava d'escanyar el Ralph Cifaretto al terra de la cuina.

—Tu diràs. T'he buscat. He anat a la rue de Seine 44 i a la Galerie Anouk, i m'he trobat, primera sorpresa, que ara es diu d'una altra manera.

—*Touché*. Em sento enxampat, doncs.

—I ara...

—Et sap greu?

—El què? Que la teva galeria porti el nom de la mare? Galerie Pauline. Per favor...

—Ja no és meva.

—M'ho han dit.

—Me la vaig traspassar i van mantenir el nom. Senyal de bon gust. —D'entrada, no tenia ganes de parlar d'una etapa tancada—. De debò, què vols prendre?

El Jean-Pierre li va indicar on era la cuina. La Gina va anar a la nevera a buscar una gerra d'aigua i la va dur, amb dos vasos, cap a la galeria. Tenia set endarrerida del viatge. Li va explicar que havia llogat un Renault al boulevard Raspail i que, hipnotitzada pel navegador, s'havia plantat a Capbreton en sis hores. Parlava i mirava, a una banda i l'altra, escrutant la casa del Jean-Pierre. L'home, a l'aguait, sense saber per on li podia sortir la seva visita, s'havia refugiat en la pipa. Semblava que vivia sol. No hi havia vestigis de família. Era la casa d'un savi o d'un vidu, o d'algú amb classe que hi vivia tot l'any. No era, en cap cas, una casa d'estiueig. Ni la casa ni l'amo no s'havien abandonat. Senzillament, s'havien fet grans alhora. Hi havia, això sí, llibres per tot arreu. La Gina mai n'havia vist tants de junts. Les prestatgeries anaven del sòcol al sostre, però també hi havia llibres de totes les mides i temàtiques per damunt de les taules i, fins i tot, n'hi havia piles per terra que, guerxes com estaven, s'aguantaven per la quietud. Una cosa no li quadrava. Totes les parets estaven netes. En tota la casa no hi veia ni una sola pintura. Enlloc. Ni un sol quadre. Quina sorpresa. Del chester estant, si més no, no n'aconseguia trobar cap. Ni figuratiu ni abstracte. Com si tot l'art s'hagués quedat a París. Al seu davant, a la balconada magnífica, només s'hi pintava el blau de l'oceà a la tardor.

—Té. T'he portat això. —La Gina, decidida, li va posar tres cartes sobre les cames—. Les reconeixes?

—Les tens tu?

—Les guardava la tieta Júlia, en una capsa. Les vam trobar quan...

—Ah, doncs em fa il·lusió que les tinguis tu. Les has llegides?

—Trenta, quaranta cops?

—És broma?

—És perfecte. M'he construït la història a través de les tres cartes teves. No sé si n'hi va haver més.

—La teva mare només va respondre a la primera. La tinc a dalt. Jo sí que l'he llegit cinquanta o seixanta vegades...

—M'has guanyat. —Van riure—. Tampoc no pretenia competir...

—Vam quedar que ens escriuríem mentre ella volgués. Ho vols saber?

—I tant! —Per què et penses que he vingut, va pensar.

—Jo li enviava la carta, a través de la Julie, la teva tieta, ella l'hi llegia, suposo que per telèfon, i si la Pauline volia, em responia directament a mi. Aquest era el tracte. La primera carta, en calent, la va respondre. Després, ja no va contestar més... Quan feia un any que ens havíem conegut li vaig escriure, però ja no va donar senyals de vida i vaig pensar que, pel que fos, no li convenia continuar...

—Et puc dir una cosa? —La Gina va voler mesurar bé les paraules—. La segona carta, que també era a la capsa de la tieta, la Julie no la va arribar a obrir. El sobre estava perfectament tancat. No és que la meva mare no la llegís, és que ni tan sols la tieta Júlia no la va arribar a obrir.

—Ho entenc... —Va fer el cor fort—. La Pauline li devia demanar que no l'obrís, que no l'hi llegís...

—I per què no l'estripava o la llençava?

—No ho sé... Potser perquè un dia, vés a saber, amb el temps, la Pauline l'hauria volgut llegir. Però no en va tenir, de temps. O per si tu, més endavant, l'haguessis volgut llegir.

—Vols dir?

—No ho sé. Però així ha estat. Al capdavall, tots tenim les paraules que ens mereixem.

—Les vols? —Va mirar les cartes—. Són teves.

—Gràcies, Gina. Sé perfectament el que diuen. Te les pots quedar tu... En tinc prou amb la de la teva mare.

—La carta que li vas enviar a la tieta Júlia quan es va morir la mare és, segurament, el més tendre que he llegit mai, Jean-Pierre.

—És fàcil escriure encès quan es mor algú que estimes.

Ell li va tornar les cartes, amb gest educat, i va fer un glop d'aigua. Hauria pogut reproduir fil per randa les dues cartes que havia enviat a la Pauline. De la carta de la mort, que havia adreçat a la Julie, no en recordava res. Ni ganes. Feia temps que no n'engolia un got sencer.

—Saps? Em preguntaves, abans, què m'havia dut per aquí. En el fons —la Gina es va aixecar i va continuar, amb la vista a l'horitzó— crec que és, no ho sé, la necessitat de conèixer la meva mare. No sé qui era, no sé com era. Cadascú té el seu drama. I potser aquest és el meu. Per les cartes que guardava la tieta, sé que la mare et va estimar per damunt de totes les coses, i necessito que tu m'expliquis com vivia, com sentia, com pensava...

—Jo només la vaig conèixer un cap de setmana llarg. —La pipa li va servir per rumiar-s'ho dues vegades abans de dir-ho—. Ja l'hi has preguntat al teu pare?

—Sí.

—I?

La Gina es va girar, per no donar-li l'esquena. Hi ha coses que s'han de dir mirant als ulls.

—Em fa l'efecte que van donar més de si els quatre dies amb tu que deu anys amb el pare.

—Jo de tu no correria tant. —Va guanyar temps prement la picadura amb el dit petit—. La teva mare em va estimar molt, sí. Moltíssim. Tant com jo a ella. Però... A veure, com dir-t'ho sense que sembli un retret, perquè no ho és. Mira... Amb la teva mare no en vam parlar mai, però moltes vegades m'he preguntat per què no vam fer el pas per estar junts. Per què no ho vam fer si ens en moríem de ganes?

Anava per torns. Ara era la Gina qui havia quedat amb la boca oberta. Començava a intuir què li anava a dir el Jean-Pierre.

—Jo només hi tenia a guanyar. Ella hi tenia a guanyar i a perdre.

—Però...

—Jo era solter, vivia sol i no tenia res a perdre. Ella et tenia a tu. Si la teva mare no va fer el pas, permet-me que ho digui així, va ser per tu. N'estic convençut.

—Jo no vull aquest càrrec de consciència.

—No és cap retret, ni a tu, ni a la Pauline, en absolut. No voldria que m'interpretessis malament. Jo vaig estimar i estimo la Pauline com si haguéssim viscut junts des de la nit que ens vam conèixer. Però si volies saber com era la mare, la dona que es va morir quan tu tenies nou anys, aquí tens la resposta. Aquesta era la teva mare. I en pots estar molt orgullosa.

El Jean-Pierre no s'esperava que, després de les seves paraules, la Gina no reaccionés. Ni fred ni calor. El va sorprendre que, sense badar boca, s'acotés per agafar l'enorme bandolera que tenia als peus de la butaca i en tragués un paquet. Les sorpreses del dia no s'havien acabat.

—Això és per a tu...

Un regal. Un llibre embolicat amb paper d'aigües. A sant de què?

—No calia, de debò —amb cura de no trencar l'adhesiu d'una llibreria veneciana.

—Aquest segur que no el tens... —Es va tornar a arrepapar al chester—. I no serà per llibres, aquí...

—Cadascú té la seva afició. Algú va dir que som el que hem viscut, però som, també, els llibres que hem llegit. I a vegades, els que hem fullejat, perquè no es pot llegir pas tot. Necessitaríem tres vides per llegir-ho tot. Reivindico el dret de saltar-nos pàgines.

L'anava desembolicant, amb mans balbes, mirant de no esquinçar el paper estucat.

—Ah, l'*Atlas di farfalle del mondo*. Fantàstic. Moltes gràcies.

—D'entrada diràs que segur que el tens, o que el tens en un altre idioma...

—No, no, de cap manera... —va mentir, com només saben fer els francesos i els comercials.

—Segur que el tens. Però m'és igual. Segur que no tens exactament —va emfasitzar— aquest exemplar. Aquí hi ha un misteri amagat, i m'has de deixar dos minuts perquè te l'expliqui.

—El que convingui. No tenim pressa, oi?

—Saps què va fer la mare, en l'últim any abans de morir?

El Jean-Pierre va deixar de remenar el llibre i va alçar els ulls per escoltar-la. Es delia per saber la resposta. Durant dècades s'havia fet aquella mateixa pregunta.

—La mare es va dedicar a viatjar. Més d'un any. Amb el pare o sense, ella agafava un avió per anar a visitar llibreries. Si el pare hi anava per feina, bé. Si no, ella tirava pel dret i se n'hi anava sola perquè al pare, els avions, mai no li van agradar. Jo, que era molt petita, em quedava a casa, amb la Isabel, la minyona, la cuidadora, o no sé com en dieu ben bé aquí. La mare va anar, com si fes inventari, a les que va pensar que eren les deu millors llibreries del món. Hem sabut que va ser a Glasgow i a Buenos Aires i a Boston i a Londres i a Venècia i no sé on més. Col·leccionava llibreries però tornava sense llibres. Com pot ser? Per què hi anava? Per què en tornava amb les mans a les butxaques? —El Jean-Pierre l'escoltava amb uns ulls com unes taronges, la Gina continuava, embalada—. He trigat molt temps a descobrir-ho. Jo també he hagut de fer algun viatge i he parlat amb un contacte de Londres per saber-ho, i al final me n'he sortit. Aquest no és un llibre qualsevol. No és un llibre més de papallones. Aquest l'he trobat a l'Acqua Alta de Venècia, una llibreria de segona mà, la coneixies?

—Sí, sí... —ell, embadocat amb la història.

—La mare va anar a totes aquestes llibreries amb un sol objectiu. Buscava llibres de papallones i, a dins, d'amagat, sense que la veiés ningú, hi deixava una targeta seva. Hi posava una targeta personal. De casa nostra.

—... —Se li van humitejar els ulls.

—En algunes hi posava «Truca'm» amb la seva lletra, en d'altres no hi posava res, només la targeta amb el nom, l'adreça i el telèfon. I així, d'una a una, llibre a llibre, llibreria a llibreria, va anar minant de targetes els llibres de papallones de les principals llibreries del món. Per què ho feia, la mare?

—No m'ho puc creure...

—Per enviar-te senyals, per dir-te, hola amor meu sóc aquí i penso en tu, per sorprendre't, per demostrar-te tot el seu amor...

—Valga'm Déu... —s'eixugava els ulls amb les dues mans—, valga'm Déu, Pauline.

—Mai no en vas trobar cap?

Va brandar el cap, com un nen disgustat amb la pilota punxada.

—Encara avui, segur, hi ha tot de llibres, pel món, amb targetes de la mare a dins. Ella sabia que tu voltaves per tot arreu, per trobar llibres estranys de papallones i comprar-los, i tenia l'esperança, l'esperança secreta, que un dia, en una llibreria de vell, en un racó de món, obriries un llibre per una pàgina qualsevol i et trobaries que la mare havia fet màgia.

—Això és —astorat, atònit, afectat— magnífic.

—Aquest te l'he comprat jo, a Venècia. No saps quin bot que em va fer el cor quan vaig agafar el llibre, hi vaig passar els dits, així, i em va caure de dins el testimoni d'amor de la meva mare. Si a mi em va fer tantíssima il·lusió...

El Jean-Pierre, amb l'*Atlas* a les mans, va tenir pressa per posar-lo de cap per avall perquè li caigués el missatge de la Pauline estimada. Quina prova d'amor. Plorava i reia a la vegada. S'hauria sentit ridícul amb qualsevol persona al davant, però no amb la Gina, la filla de la Paulina. No en aquell moment, que justificava tota una vida.

—Vaig pensar que te l'havia de comprar i portar-te'l.

—Mi-te-la. —La targeta va caure de l'*Atlas* i li va volar en ziga-zaga, amb l'aleteig d'una papallona, sobre les seves cames. I no podia parar de riure amb les galtes encara humides per les llàgrimes—. Com se't va acudir una cosa així? Com se't va acudir, Pauline estimada estimadíssima?

El silenci va arribar, de cop, a Capbreton. La Gina, mossegant-se els llavis, amb els ulls entelats per l'emoció, va respectar la nostàlgia del Jean-Pierre. Amb el llibre obert a les cames i amb la targeta de la Paulina a les mans, semblava transportat als quatre dies de primavera que li havien fet caure totes les barreres. Li havia salvat la vida, deia en una carta. Va començar a comprendre que la mare s'hagués enamorat d'aquell home, sensible i culte, que conservava, encara, un encant a cada arruga. Vint minuts després —l'un davant de l'altre sense dir-se res, entenent-ho tot—, el Jean-Pierre va tancar l'*Atlas* i hi va guardar la targeta delicadament, com si fos un punt sagrat. El va deixar damunt de la tauleta i en va agafar una bossa de pell negra, amb cremallera.

—Et quedaràs uns dies? —li va preguntar mentre començava a esfilegar amb els dits el tabac de la bossa.

—Demà he de tornar el cotxe, a l'aeroport de Bourdeaux.

—Queda't i parlem. Fins la setmana que ve, que tinc bitllets per anar a Inverness abans no comenci el fred de debò, et pots quedar aquí. O tens família que t'esperi?

—Jo? No, no, i ara... Amb qui vols que estigui? No he tingut la sort de trobar algú com tu.

—Segur que sí, no t'equivoquis.

—No, no... Ja et dic jo que no. Només cal llegir les cartes per saber que la mare va conèixer l'amor veritable. Això és magnífic. *Chapeau* per ella, *chapeau* per vosaltres. Jo, en canvi, tinc la sensació que arribaré als quaranta i, sí, m'ho he passat molt bé, he rigut molt, moltíssim, he anat d'una banda a l'altra, però tot ha estat, com t'ho diria... lleuger?

—Banal?

—Sí. Potser sí. Mai no hi ha compromís, em sembla. Tots anem, tant jo com ells, vull dir tothom, que no és culpa de ningú, tots hem anat sempre amb les barreres abaixades perquè passés el tren i no prenguéssim mal... Lleuger, banal... Escèptics amb l'amor, diria, com si l'amor fos un abric passat de moda. I tu, en canvi, vas conèixer quatre o cinc dies una dona i has viscut trenta anys sense ella però amb una intensitat que t'envejo.

Al Jean-Pierre li va fer l'efecte que, per primera vegada des que havia entrat per la porta, aquella Gina segura i resolta estava a punt d'enfonsar-se. I va decidir sacsejar-la.

—Has vingut aquí, dius, per saber més coses de la teva mare. I et dic que ella va ser feliç perquè va estimar, i tu mateixa me n'has portat la prova. I em pregunto: i tu? N'ets, de feliç? Ho estàs sent? Per què no t'ho permets? Dius que no tens ni els quaranta, Gina, què estàs esperant? Surt i deixa't anar. Estima, estima de debò. Estima encara que s'acabi, encara que no sigui per sempre. I què? Quanta gent has conegut que no han patit mai perquè no han estimat mai?

—De la meva generació? Molts. No sé quants, però molts, no sóc jo sola, que anem amb la cuirassa posada perquè no volem patir i ens conformem amb les molles. El sexe és divertit, sí, molt, és plaent, és estimulant, ho és tot durant una hora, o un quart d'hora, però potser no és l'objectiu. Potser no n'hi ha prou, potser és la por, potser és egoisme, no sé el que és, però quan hi penso, i me n'adono, penso què cony estic fent.

—No et quedis amb l'anècdota, doncs. Aprofita l'època que us ha tocat viure. Ara teniu la sort, la immensa fortuna del temps que us ha tocat viure, que la societat ja no us jutja, que no hi ha regles, que tothom viu amb qui vol, que no teniu per què aguantar l'altre si no us agrada prou. Teniu el regal de la història, teniu les condicions que us ho haurien de fer més fàcil, i ara que qualsevol us diria que ho teniu millor que en cap altre moment de la humanitat, sembla que precisament aquesta falta de límits us retingui, que us freni...

—Sí, sí, potser sí. —No s'esperava que el Jean-Pierre arrenqués amb aquella vehemència. Va sortir en defensa pròpia—. Però de tot això, que tu ara veus tan clar, segur que te n'adones quan et fas gran, quan tens dies sencers per fer balanç de com t'ha anat la història.

—No té res a veure amb l'edat, Gina. Jo parlo del compromís. Heu confós l'amor amb les comedietes romàntiques americanes. L'amor no és una pel·lícula de la Meg Ryan. El cinema, els contes de fades, us han fet molt de mal. No sé què esteu buscant. Si vols ser estimat, estima. L'amor existeix. L'amor existeix, però s'ha d'anar a totes. A totes!

La Gina brandava el cap, amunt i avall, més d'esma que per estar-hi d'acord. El Jean-Pierre va adonar-se que s'havia enfilat quan no calia i va respirar per abaixar dos tons.

—Perdona, Gina. No sé res de la teva vida. Tant de bo a tothom li passés una història com la nostra, la meva i de la teva mare. Esclar que sí. Acabés com acabés. Tant de bo. Quan t'arribi, te n'adonaràs. No tinguis por i capbussa-t'hi. Però la felicitat l'has de desitjar i te l'has de treballar. Dóna't una oportunitat per estimar. Deixa que l'amor et trasbalsi. Em sents?

Ella va cloure les parpelles, per assentir. Ell dubtava si era pertinent parlar d'aquella manera a algú que acabava de conèixer.

—I prou. No et dic res més. I perdona'm el sermó si em fico on no...

—De cap manera, Jean-Pierre. M'ha agradat sentir-ho. M'ha agradat ficar-me en la pell de la mare i sentir-te.

—No estic acostumat a parlar amb ningú, i un dia que he tingut audiència...

—Et puc demanar una cosa?

—No sé si estic en condicions de poder dir que no...

—M'agradaria molt que m'expliquessis, tot el que es pugui explicar, esclar, el que va passar a París, entre vosaltres, des del casament de la tieta Julie fins que la vas acompanyar a l'aeroport. Què va passar en aquells quatre dies perquè quedés un lligam tan fort, per sempre.

No li va desagradar la idea. Recordar era reviure. Però...

—Un dia li vaig prometre a la teva mare que no n'escriuria un llibre.

—El delicte ja ha prescrit, Jean-Pierre.

Tenia la Gina al davant i li semblava sentir la Pauline. Sabien com aconseguir les coses. Seduir, se'n deia.

—No hi ha cap delicte. L'amor mai no és càstig, ni pena. I, ara pensaràs, aquest senyor ja no hi toca, però alguna vegada he rumiat si tot això s'hauria d'escriure i s'hauria de saber. El podries fer tu, el llibre. Una novel·la sobre la il·lusió.

—I? —refiada, pensant que se'n sortiria.

—Sopem i t'ho explico. Al celler, a baix, hi tinc un brie de Meux trufat i algun vi trobarem, suposo, que et faci gràcia. Sopem i t'ho explico tot, sí. Jo, encantat.

—Genial!

—Abans, només et demano un favor...

La Gina va fer que sí, *bien sûr*, faltaria més, ja hi podia comptar. Se la va jugar, prestant-s'hi, sense condicions.

—Acompanya'm.

El Jean-Pierre es va aixecar de la butaca amb la mecànica apresa, com si no li fes mal res. Valent, no va voler agafar el bastó. Li calia mostrar-se en forma davant de la filla de la Pauline, com si aquella visita l'hagués envigorit miraculosament. Al capdavall, era una qüestió d'amor propi, la vanitat de la coqueteria. A pas de bou, amb la Gina seguint-lo amb els ulls ben oberts, van travessar el corredor, van deixar enrere la porta d'entrada i van arribar a l'estança de l'amfitrió. El llit fet, el cobrellit planxat, la roba de l'armari penjada per colors i tota l'habitació endreçada, talment com en un hotel per hores.

—Jo no tinc cap regal per a tu. No t'esperava... —li va assenyalar la calaixera—, però m'agradaria que te'n quedessis una.

Al damunt d'un secreter anglès, d'antiquari, hi tenia tres fotos de pam, apaisades, en blanc i negre, amb marc i paspertú. En totes tres hi va identificar, al primer cop d'ull, la Paulina i el Jean-Pierre en la seva hora sublim.

—Això no ho havies vist mai. Una primícia.

—Mai! —Meravellada, va flexionar les cames per acostar-se a les fotos—. La mare estava radiant!

—Guapíssima, estava. Aquesta ens la va tirar un cambrer de la Brasserie Lipp després de sopar... —Parlava amb les maneres d'un home digne—. La teva mare no les va arribar a veure. Les vaig portar a revelar el mateix dia que se'n va anar. Tampoc no les hi podia enviar, esclar.

—I aquesta? —Els amants reien, cara a cara, amb un cafè sobre la taula en una terrassa enjardinada.

—A sota de casa. Una tarda, a la rue du Trésor. Jo vivia dues portes més cap allà. A la zona zero —es va sorprendre per la seva ironia—, els perills de l'amor.

—Que feliç, la mare... —Trobava que sí, que ara que l'havia superat en edat, s'hi assemblava molt—. M'encanta veure aquestes fotos, Jean-Pierre, però quan la tinc al davant, em fa ràbia no recordar la meva mare amb una rialla així. Saps què vull dir? De fet, em fa molta malícia no recordar-la. No saber com era la seva veu em...

—Clavada a la teva. La veu? La teniu exacta. Això t'ho asseguro. I aquesta —agafant la tercera foto— ja saps d'on és... No cal dir res, oi?

Un grup d'amics enriolats, potser una vintena, amb els nuvis, la tieta Júlia i l'Alain al mig, i la mare, elegant com una actriu, en una punta, amb el seu vestit blau. I quatre caps més enllà, el Jean-Pierre, seductor, orgullós de la seva americana blanca d'artista i la inseparable pipa en la nit que es van conèixer. A la Gina li encantaven les fotos antigues. Com més gent, millor. Els mirava les cares, n'imaginava les vides i sempre pensava el mateix. Són tots morts. Allà, no tots. La mare i la tieta Julie sí, i algun altre segurament també... El Jean-Pierre mateix semblava un home ressuscitat.

—Agafa-les i porta-les a la sala, que aquí no ens hi veiem prou. —Va apagar l'interruptor—. He de posar bombetes de més potència.

Van tancar la porta de l'habitació, van desfer el camí i es van tornar a asseure amb l'Atlàntic als peus i unes ganes irrefrenables de xerrar i d'escoltar. El brie els esperava al celler, a temperatura ambient. El Jean-Pierre, al detall, va començar el relat per la nit del casament. La Gina no només va descobrir que la seva mare era una gràcil balladora de rock and roll, i que la fascinaven els espectacles de mentalisme, i que endevinava quantes passes exactes hi ha entre dues esglésies de París. També va entendre per què la mare havia embogit per aquell galerista que, segons com, trobava que tenia un aire del Mastroianni de l'última pregunta.

Se'ls va fer fosc. A poc a poc, el sol es va anar fonent sobre la galeria. Era l'obra d'art que el Jean-Pierre contemplava cada tarda. Aquell capvespre, però, no es va adonar de la difuminació incerta de l'oceà ni de la posta definitiva. Absorts en la història, s'havien perdut tots els traços rogencs del crepuscle. Mentre el destí el respectés, agraïa que la naturalesa li emmarqués, dia a dia, les últimes gotes de mel al finestral de la seva vida.

Xavier Bosch va néixer a Barcelona el 21 de juliol de 1967. Autor de la trilogia de novel·les del periodista investigador Dani Santana: *Se sabrà tot* (Premi Sant Jordi 2009 i llibre més venut de 2010), *Homes d'honor* (2012) i *Eufòria* (2014). Anteriorment havia publicat els reculls de contes *Jo, els simolses* (1992) i *Vicis domèstics* (1998) i la novel·la juvenil *La màgia dels reis* (1994). L'any 2015 va guanyar el Premi Ramon Llull amb *Algú com tu*, un èxit sense precedents amb més de 60.000 exemplars venuts i traduïda a set idiomes, i el 2017 va publicar N*osaltres dos*, que també va tenir una excel·lent rebuda per part dels lectors. *Paraules que tu entendràs* (2019) és el seu darrer èxit editorial. Periodista de llarga trajectòria, ha estat creador de formats audiovisuals d'èxit com *Alguna Pregunta Més*, *El món a RAC 1* o *El gran dictat*. Ha estat cap de programes de RAC 1, director de l'*Avui*, del documental *La fleur* i dels programes *Un tomb per la vida*, *Aquest any, cent!* i *Àgora*, de TV3. Articulista de *Mundo Deportivo*, actualment és membre del consell editorial de l'*Ara*.

Per comentar la novel·la amb l'autor:
@xavierbosch